KB246341

안전안심공학입문

안전안심공학입문

나가사키대학공학부 안전안심공학입문편집위원회 지음

대전발전연구원·도시안전디자인포럼 옮김

美세움

《안전안심공학입문》을 내며 …

심리학자 마슬로우의 욕구단계이론에 따르면 인간의 기초욕구인 생리적, 경제적 욕구가 어느 정도 충족되면 안전에 대한 욕구가 발현된다고 설파한 바 있다. 그만큼 국민들이 정부에 기대하는 요구 중에 경제 다음으로 안전에 대한 보장이 큰 몫을 차지한다. 이런 사실에 착안한 대전발전연구원은 2011년 11월에 도시안전디자인포럼을 창립했고 2012년 2월에 선진지역으로 일본의 나가사키 대학을 방문하여 우리와 똑같은 생각을 갖고 안전하고 안심할 수 있는 도시를 만들기 위해 여러 사업을 펼치고 있다는 것을 발견했다. 나가사키 대학의 의미 있는 사업 중 하나로 여겨진 이론서를 번역하여 출간하는 것이 안전에 대한 인식을 널리 알리는 데 큰 도움이 될 거라는 판단이 들어 오늘 번역서를 한국사회에 내놓는 것이다.

미래학자들은 21세기를 위험사회라고 규정한다. 그만큼 인간 주변에 위험요소가 증대하고 있다는 이야기다. 오늘날 자연재해는 말할 것도 없고 인공적인 재해도 빈발하고 있다. 작년 3월 일본에서 발생한 지진과 쓰나미는 전지구인들에게 충격을 넘어 공포로 다가왔다. 이처럼 급격한 기후변화에 따른 이상징후들이 지구촌 곳곳에서 맹위를 떨치고 있다. 또한 안전에 대한 불감증과 부주의로 인공적인 재해도 끊임없이 발생하고 있다. 화재나 교통사고, 범죄 등 인공적 재해들이 하루도 빠짐없이 소중한 생명들을 앗아가고 있다.

더구나 급속한 경제성장 과정에서 인명은 뒷전이었고 오로지 생산성의 극대화만이 살길이라고 여겼던 시절이 있었다. 그때 우리나라 노동경쟁력의 일부가 안전을 희생한 댓가였다는 일은 잘 알려진 사실이다. 우리 사회에 이런 사고와 관행이 여전히 남아 있는 한 안전에 대한 불감증은 상존하게 마련이고 그런 이유로 안전사고가 반복되고 있다. 그러나 세상에서 인간의 생명만큼 소중한 게 없다. 따라서 정부의 존재이유는 국민의 생명과 재산을 안전하게 지켜주는 일이다. 그럼에도 불구하고 정부의 안전정책은 항상 우선순위에서 밀려 있거나 안전행정은 잘해야 본전이라는 인식이 만연되어 있다. 그러다 보니 안전부서는 기피부서일 뿐 아니라 안전해야 할 시민은 하나인데 업무는 서로 쪼개져 있어 효율적인 안전확보가 미흡한 상태다.

그러나 안전은 사전예방이 더 중요하다. 그런 차원에서 미리 안전에 대한 교육과 실습, 그리고 진단 등을 수행할 수 있는 민간차원의 종합조정기구가 있다면 지역사회의 안전을 확보하는 데 크게 기여할 것이다. 더구나 안전의 예방과 감재(減災)가 중요하다면 딱딱하게 안전만을 이야기하기보다는 디자인의 개념을 접목하는 것이 안전에 대한 이해가 부드러워질 뿐 아니라 위험을 해결하는 열쇠가 될 수도 있다. 도시디자인이 대부분 경관계획이나 거리시설물 등 도시미화사업에 치중하던 패턴에서 유니버설디자인과 CPTED

등 안전과 접목해 활용하는 쪽으로 트랜드가 바뀌면서 이제 디자인
은 도시의 아름다움을 추구하는 활동에서 도시의 안전을 지켜주는
생명의 원천으로 거듭나고 있는 것이다.

대전에서 첫 출범한 도시안전디자인포럼은 민·관·정·학·산
이 참여하는 안전 거버넌스로서 3개 분과로 나뉘어 범죄로부터의
시민안전을 연구하는 방범분과와 기상이변에 효과적으로 대응하는
방안을 연구하는 방재분과, 그리고 장애우 등 약자를 고려한 유니
버설디자인분과 등으로 구성되어 있다. 앞으로 대전은 생활 속의
안전과 안전을 통한 산업육성이라는 두 마리 토끼를 한꺼번에 잡을
수 있을 것으로 기대된다. 안전은 행복을 지키는 파수꾼임을 잊어
서는 안 된다.

2013년 1월

재단법인 대전발전연구원장

도시안전디자인포럼 운영위원장

이 창 기

머리말

　나가사키 대학(長崎大学) 공학부에서는 2006년부터 2008년에 걸쳐 일본 문부과학성(文部科学省)의 '현대적 교육요구 대처지원 프로그램(이하 현대GP)'의 지원을 받아 건전한 사회를 뒷받침할 기술자를 육성해 왔습니다. 이 프로그램에서는 '안심하고 살 수 있는 건전한 사회'를 뒷받침할 기술자를 육성하기 위하여 나가사키 대학 공학부의 특색인 '물품제조교육'과 '안전·안심교육'의 융합을 도모하고, 동시에 나가사키 지역 고유의 문제를 테마로 한 '지역에서 배우는 실천교육'을 통하여 종합적·실천적 실무교육을 실시해 왔습니다. 구체적으로는 지역의 화산재해에 대한 안전 및 경사면·낙도(落島)의 안전·안심에 관한 연구를 교육에 적용해 왔습니다. 동시에 기업 기술자들의 '안전한 물품제조'에 관한 강연 및 안전공학세미나, 산·학·관(産学官) 연계 프로젝트 실습(PBL 교육), 국내·외 인턴제도 등을 지역과 연계하여 시행해 왔습니다. 이와 같은 활동의 목적은 공학이 사회의 안전·안심 및 인류의 평화를 위해 존재한다는 의식이 몸에 밴 기술자를 육성하는 것입니다.

　또한, 2007년 4월에는 안전공학교육센터가 '건전한 사회를 뒷받침하는 기술자 육성' 사업의 일환으로 공학부 내에 설치되었습니다. 본 센터는 안전공학 교육의 기획부문, 실시부문 및 관리부문으로 구성되어 있으며, 설치목적은 안전·안심에 대한 교직원과 학생의 의식향상 및 안전·안심교육을 지속적으로 시행하는 것입니다. 안전·안심은 우리의 생활 전반에 걸쳐 근간이 되는 과제로써, 대학이라는 울타리를 뛰어 넘는 노력이 필요하기 때문에 학내외적으로 연계된 활동을 지향하고 있습니다. 이미 학교 내부적으로는 학부생 모두가 특별 교양강의를 통해 안전·안심을 배울 수 있도록 교육프로그램을 실시하고 있습니다. 학교 외부적으로는 재해대책의 입안, 문리(文理: 인문/사회 및 이공계) 융합 및 산·학·관·민이 결집된 학회의 설립·운영, 방재 관계자·컨설턴트·자주방재 관계자를 위한 강의·계발 활동, 재해조사 및 복구계획 입안 등 다수의 재해·방재 관련 분야에서 주도적인 역할을 하고 있습니다.

이번에 공학부 교수들을 중심으로 지금까지의 교육·연구 활동 성과를 정리한 《안전·안심공학입문》을 집필했습니다. 이 책은 '안전·안심공학의 기초편'과 지역의 고령자·취약계층의 생활, 경사면 재해, 방재를 둘러싼 '안전·안심공학의 응용편'으로 구성되어 있습니다. 이 책에서는 공학의 기초가 되는 안전·안심에 대한 이해와 나가사키 대학 공학부가 지역안전을 위해 활동해 온 내용들을 정리하였습니다.

'안전·안심공학'에 관해서는 공학부의 안전·안심대처에 대해서 여러모로 조언을 주고 계신 요코하마 국립대학의 関根和喜 특임교수님(요코하마 국립대학교 안전·안심 과학연구 교육센터, 연구 담당), 정보시스템공학과의 초청강사이신 河合正晃 교수님(주식회사 河合시스템 연구소·대표이

새)에게 집필을 부탁했습니다.

이 책에서 정리한 '안전·안심공학 대처방안'은 공학부가 일본 문부과학성의 '2006년도 현대적 교육요구 대처지원 프로그램' 사업에 제안한 '건전한 사회를 뒷받침할 기술자 육성'이 선정됨으로써 시작되었습니다. 프로그램의 신청·실시에 있어서는 나가사키 대학의 斎藤寬 전 학장님과 片峰茂現 학장님의 지도와 지원을 받았습니다. 또한 프로그램의 실시에 있어서는 나가사키 현 내의 기업·지자체 및 안전공학에 조예가 깊은 많은 분들로부터 지원을 받았습니다. 이에 지면을 통하여 모든 관계자 여러분께 감사의 말씀을 드립니다.

이 책이 앞으로 일본을 짊어지고 갈 많은 학생들과 직장·지역에서 핵심역할을 하실 분들에게 도움이 되기를 기대합니다.

나가사키 대학 공학부 부장

清水康博

《안전안심공학입문》 한국어판 서문

안전·안심은 일본에 있어서 전략중점 과학기술로서 최근 급속히 커지고 있는 사회·시민의 요구(안전·안심 측면에 대한 불안 등)에 집중 투자 함으로써, 과학 및 기술에서 해결책을 명확하게 제시할 수 있도록 자리매김하고 있다. 또한 2005년 일본학술회의에서 보고된 바와 같이 대학 등에서 안전에 대한 전문적이며 체계적인 교육은 거의 이루어지지 않고 있어서 안전지식의 체계화를 보다 명확하게 해야 할 필요가 있다. 이 처럼 안전·안심에 대한 학문적 요구는 매우 높아지고 있는 추세이다.

최근 일본사회에서는 안전관련 사건·사고가 빈번히 발생하고 있다. 건축물의 구조계산서 위조문제, 게릴라성 폭우·지진·해일 등 자연재해의 많은 발생, 커져가는 석면문제, 교량 및 도로의 노후화에 따른 구조물의 손상·붕괴 등 시민들의 안전·안심을 위협하는 요인들이 지금 어느 때보다 커지고 있다.

나가사키 대학이 위치한 규슈 북부는 다음과 같은 안전·안심에 대한 다양한 과제들을 안고 있다.

- 규슈 북부에는 중공업이 집적하여 생산현장에서의 사고 및 사건에 대한 안전·안심에 대한 요구가 높다.
- 규슈 북부에는 낙도·반도지역과 경사지가 많아 일상생활 및 재해시의 피난로의 확보는 안전·안심이 보장된 건강한 사회건

설을 위한 중요한 과제이다. 또한 고령화가 진행되고 있어 일
상생활 및 재해시 피난에 대해 불안해 하는 시민들이 증가하고
있다.
- 규슈에서는 호우재해에 의한 토사재해와 빈발하는 홍수발생에
대비해 인명과 재산을 보호할 수 있는 실효성 있는 방재·감재
대책을 모색하고 있다.

이러한 안전·안심의 문제점을 해결하기 위해서는 안전공학, 방
재·감재 대책에 정통한 기술자와 지방자치단체 공무원 등의 사회
인을 양성하는 것이 필요하다. 그러나 지금까지 안전·안심에 관한
커리큘럼 레벨의 체계적인 실적은 거의 없었을 뿐만 아니라, 안
전·안심에 대한 자료 역시 매우 부족한 것이 현실이다. 그래서 나
가사키 대학 공학부에서는 2006년도부터 2008년도에 걸쳐서 일본문
부과학성의 도움을 받아 '건강한 사회를 뒷받침할 기술자의 육성'을
위한 집중적인 노력을 해왔다. 이 프로그램을 통해 안심하고 살 수
있는 건강한 사회를 유지해가는 기술자들을 육성하기 위해 나가사
키 대학 공학부의 특색인 제품제조교육 및 안전·안전교육의 융합
을 도모함과 동시에, 나가사키 지역 고유의 문제를 예제로 사용한
'지역에서 배운다' 실천교육을 통해 종합적·실천적 직업교육을 실
시했다.

　본 사업 종료 후에 공학부 교수와 강의를 했던 외부 전문가들이 지금까지 안전·안심에 대한 교육연구 활동의 결과를 요약, 단행본으로 《안전안심공학입문》을 발행하게 되었다. 이 책은 '안전안심공학 기초편'과 '지역 고령자 및 보호가 필요한 사람의 생활, 사면재해, 방재를 둘러싼 안전·안심을 다룬 응용편'으로 구성되어 있다. 이는 공학의 기초가 되는 안전·안심(안심안전공학)에 대한 생각과 나가사키 대학 공학부의 전문지식을 활용하여 지역의 안전에 대처해 온 성과를 정리한 것이다. 이 책은 나가사키 대학의 교양교육 교재로 사용함과 동시에 전국 대학도서관, 도서관에 비치되어 안전·안심에 관한 입문서로 일반에게 널리 활용되고 있다.

　이번에 《안전안심공학입문》이 한국어로 번역·출판되는 것을 보면서 안전·안심에 관한 많은 도서들 중 이 책을 선정하여 한국어로 출판을 해주신 대전발전연구원 및 도시안전디자인포럼 관계자 여러분의 노고에 깊은 경의를 표하고 싶다. 이 책은 나가사키 대학 공학부의 독자적인 대응과 나가사키 지역의 지역적 과제를 안고 있지만, 이러한 과제는 한국사회에 있어서도 앞으로 표면화될 것으로 예상된다.

　이 책이 한국에서 출판되는 것을 계기로 안심안전공학이 정착되고 발전됨과 동시에, 대전발전연구원 도시안전디자인센터를 중심으

로 하는 대전광역시의 관계기관과 나가사키 대학의 교류가 연구교
류의 협력으로 꾸준히 발전하기를 기대하고 있다.

2013년 1월
나가사키 대학 대학원 공학연구과장
石松隆和

차 례

《안전안심공학입문》을 내며 … ·· 5

머리말 ·· 9

《안전안심공학입문》 한국어판 서문 ·· 13

제 1 장

현대GP에 입각한 안전·안심교육 · 21

1.1 들어가는 말 ·· 21

1.2 교육 프로그램 ··· 23

1.3 안전·안심교육 특별강의 ··· 26

1.4 안전공학세미나 ··· 29

1.5 산·학·관 연계 프로젝트 실습 ··· 31

1.6 안전·안심 물품제조교육 공개토론회 ·· 34

안전안심공학 기초편 · 43

제 2 장

안전·안심 과학의 기초 · 45

2.1 안전·안심 과학이란? - 그 목표와 출발점 - ··································· 45

2.2 리스크란? - 개념과 본질 - ·· 46

2.3 리스크의 정량화 ·· 48

2.4 재해 리스크의 허용성(tolerability)과 안전 ························ 52

2.5 위기관리와 안전문화 ··· 55

2.6 안전과 안심 - 그 차이와 관계 - ····································· 61

제 3 장

물품제조에 있어서의 안전 · 65

3.1 물품제조의 안전기준 ·· 65

3.2 안전설계에 대한 인식 ·· 67

3.3 본질적 안전설계 ·· 70

3.4 위험회피와 안전 프로그램 ··· 74

3.5 앞으로의 안전한 시스템 설계를 위하여 ····························· 85

제 4 장

정보의 안전 · 안심 · 87

4.1 정보 시큐리티란? ··· 87

4.2 정보 시큐리티 관련 사건 · 사고 ······································ 89

4.3 정보 시큐리티 보호 대책 ·· 91

4.4 정보 시큐리티에 관한 인정 · 인증제도 ····························· 107

4.5 결론 ·· 113

차 례   <u>19</u>

제 5 장

물질의 안전·안심 ‣ 115

5.1 주변의 물질 ·· 115

5.2 화학물질 등 안전 데이터 시트(MSDS) 제도에 대하여 ········· 117

5.3 고분자 재료의 안전성 ··· 132

안전안심공학 응용편 ‣ 145

제 6 장

공학기술을 활용한 재택간호의 안전·안심 ‣ 147

6.1 들어가는 말 ··· 147

6.2 센터의 활동내용 ·· 148

6.3 지금까지 요구대응분야의 활동사례 ····························· 150

6.4 요구에 따른 기기의 제작·제공 ··································· 154

6.5 연구개발부문(일본 총무성 위탁사업) ···························· 157

6.6 연구개발에 의한 낙도 환자보호 시스템 개발사례 ············· 158

6.7 교육분야에서의 활동 ··· 163

6.8 정리 ·· 164

제 7 장

인프라의 안전·안심
- 도로경사면 방재(防災)를 중심으로 - ‣ 167

7.1 인프라란 무엇인가? ·· 167

7.2 토사재해의 발생구조 ··· 168

7.3 암반사면의 붕괴 ··· 171

7.4 사면재해예측과 대책현황 및 과제 ························ 186

7.5 도로이용의 안전·안심(도로방재와 감재를 위하여) ·········· 189

제 8 장

방재에 있어서의 안전·안심 · 195

8.1 들어가는 말 ··· 195

8.2 재해 많은 일본의 국토 ······································· 196

8.3 변모하는 재해 리스크 ··· 198

8.4 재해 아이랜드 규슈 ·· 202

8.5 규슈의 안전·안심에 대한 대응 ···························· 207

8.6 공학포럼(Forum) 2009 '안전·안심' ···················· 218

8.7 정리 ··· 224

제 9 장

나가사키의 안전·안심 - 자연재해 - · 225

9.1 들어가는 말 ··· 225

9.2 나가사키 현의 지리적 특성 ································· 226

9.3 화산재해 ·· 227

9.4 호우재해 ·· 234

9.5 지진 ··· 245

9.6 태풍·해일 ·· 255

후기 ··· 263

제1장

현대GP에 입각한 안전·안심교육

1.1 들어가는 말

일본 문부과학성이 추진하는 '2006년도 현대적 교육요구 대처지원 프로그램(현대GP)'(GP: Good Practice 우수한 대처방안) 사업에 나가사키 대학 공학부의 '건전한 사회를 뒷받침하는 기술자 육성'(2006~2008)이 선정되었다. 본 프로그램은 '안전·안심교육'과 '물품제조교육'의 융합과 지역에서 배우는 종합실무교육의 실천을 목표로 하고 있다. 즉, 나가사키라는 지역에서 배우는 종합적·실천적 실무교육으로서 공학이 사회의 안전·안심과 인류의 평화를 위해서 존재한다는 의식이 몸에 밴 기술자를 육성하는 것을 목적으로 하고 있다.

공학에는 이전부터 안전하고 안심할 수 있는 물건을 만든다는 지상과제가 존재하였다. 그러나 이를 위한 교육은 개별적 강의 중에 단편적으로 이루어져 왔고, 지금도 많은 대학의 공학부에서 공학윤리, 기술자윤리 등 윤리면에서 교육을 하는데 그치고 있다. 이와 같이 공학교육에서는 대학입학 초기부터 주도면밀하게 준비된 안전·안심교육과 물품제조교육이 융합된 커리큘럼에 따라 항상 '사회의 안전·안심과 인류평화를 위한 공학'을 의식하는 기술자를 육성하는 것이 요구된다.

나가사키 대학 공학부에서 안전·안심에 근거한 물품제조교육을 실행하는 데에는 다음과 같은 배경들이 있었다.

나가사키 대학 공학부는 나가사키의 대수해, 운젠후겐다케(雲仙普賢岳) 화산재해 등 재해에 대한 안전 확보, 경사면·낙도의 안전·안심 생활 확보 등에 있어서 지역 주민과 지방자치단체(이하 지자체)에 오랫동안 공헌해 왔다. 또한, 공학적 능력(물품제조를 뒷받침하는 종합적인 힘)교육을 공학부의 특화부문으로 정하여 강화해왔다(2003년도 특색GP '물품제조를 뒷받침하는 공학적 능력교육의 거점 형성' 채택). 이러한 배경 때문에 현행 물품제조교육과 안전교육, 환경교육 및 공학윤리교육 이외에, 화산재해 방재대책이나 경사면·낙도 안전대책 등에 대처하는 지자체나 사고발생 방지·안전한 물품제조에 대처하는 지역 기업과 연계하에, 안전·안심교육과 물품제조교육이 융합된 실천적이고 체계적인 종합실무교육(이하, 안전·안심 물품제조교육이라고 부른다) 프로그램을 개발, 실시하기에 이른 것이다.

또한 이 교육 프로그램을 충실히 실시하기 위해서 중심적 위원회로서 나가사키 대학 공학부 안에 실무교육추진위원회를 설치하였다. 그리고 인턴제도나 지역과의 산·학·관 연계사업의 경영관리를 담당하는 '산·학·관 연계교육지원실', 안전·안심교육을 담당하는 '안전공학교육센터'도 함께 설치하였다. 위의 위원회, 지원실, 센터와 물품제조교육을 담당하는 기존의 '창조공학센터'가 연계되면서 본 프로그램의 각 사업을 실시하였다. 또한 새로 설치된 나가사키 대학 공학부 실무교육추위원회 내의 점검·평가전문위원회가 본 교육 프로그램의 연도별 실시 사업을 점검·평가하여 계속적으로 사업을 개선하였다.

다음 절부터는 본 프로그램 중에서 주로 안전·안심과 관련된 과목·사업에 대한 내용과 성과를 기술하고자 한다.

1.2 교육 프로그램

그림 1.1은 본 교육 프로그램의 개념도를 나타내고 있다. 그림에서 알 수 있듯이, 본 프로그램은 안전·안심교육과 물품제조교육을 융합시킴과 동시에 그것들을 실천적으로 실시하는 종합실무교육이다.

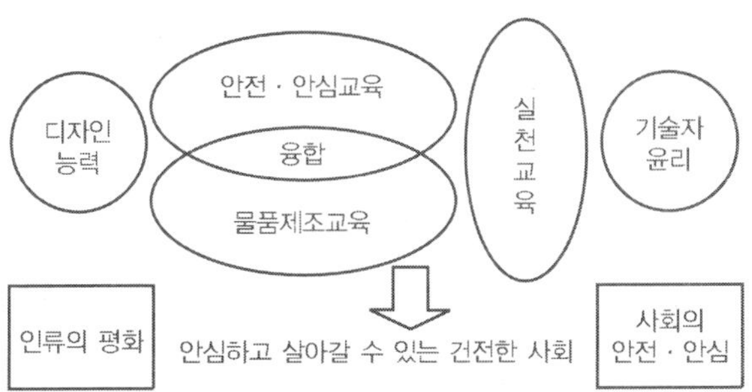

그림 1.1   안전·안심 물품제조교육 개념도

본 프로그램의 관련 과목과 사업의 흐름은 그림 1.2에 제시하였다.

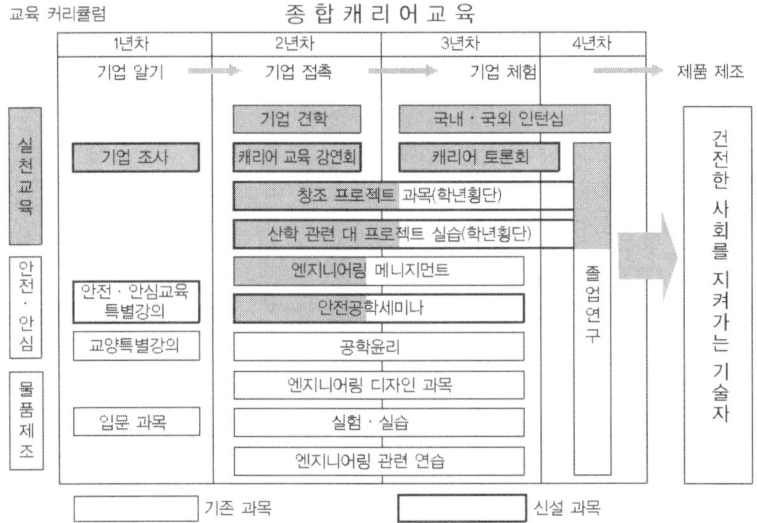

그림 1.2   안전·안심 물품제조교육 커리큘럼

그림에서 알 수 있듯이 1년차에는 실천교육, 안전·안심교육, 물품제조교육의 각 분야별 기초과목으로 각 교육분야의 내용을 이해한다. 이후 2년차, 3년차에서는 관련된 전문과목을 배우면서, 각 분야의 교육이 융합되어 진행될 수 있도록 구성되어 있다. 1학년부터 졸업까지 실무교육이 끊임없이 연속적으로 진행되고 있어서 안전·안심 물품제조교육에 관한 종합실무교육이 되고 있다.

(1) 교육과정

안전에 있어서는 1년차의 안전공학개론 강의에서 안전·안심의 기초를 시작으로 졸업까지 매년 실시하는 공학윤리, 안전공학세미나, 현장학습을 도입한 안전·환경교육으로 공학의 모든 기술이 사람의 안전·안심과 인류의 평화를 위해 존재한다는 사실을 명확하게 인식하도록 하고 있다.

　　물품제조에 있어서는 1년차의 입문과목부터 졸업연구까지 각 학과에서 다수의 엔지니어링 디자인과목을 실시하고 있다. 또한 이 과목들에 대한 학업성취도 평가에 안전·안심항목을 넣어 공학의 모든 기술이 사람의 안전·안심과 인류의 평화를 위해 존재한다는 사실을 몸으로 습득하여 터득했는지를 확인한다.

　　실무교육에 있어서는 입학할 때 '기업조사'를 실시해 직업의식을 향상하는 것을 시작으로, 최전선에서 활약하고 있는 기술자의 실무교육강연회, 기업이나 현장견학, 인턴제도, 산·학·관 제휴 프로젝트와 연계된 커리큘럼으로 실천적 안전·안심 물품제조 경력을 높이고 있다.

(2) 교육방법

　　본 프로그램은 안전·안심교육과 물품제조교육의 융합교육을 실시하는 것이 특징이다. 특히 엔지니어링 디자인과목은 양쪽을 모두 융합시킨 과목이다. 또한, 안전공학세미나와 산·학·관 연계 프로젝트 등을 통해서 항상 사회의 문제점과 그 해결책을 인식시키는 실천적 교육방법을 채택하고 있다.

　　더불어 교육내용과 방법개선을 다음과 같이 실시하고 있다. 나가사키 대학에서는 이전부터 모든 과목에 대해 학생에게 수업평가를 실시하고 있으며, 이 프로그램에서도 이를 도입하고 있다. 또한, 공개토론회, 세미나, 강연회, 인턴제도 등에 대해서도 매번 학생, 강사, 기업, 지자체를 대상으로 설문조사를 실시하고 있다. 이를 통해서 프로그램을 개선하고, 사회의 요구와 학생의 희망사항을 반영하는 교육을 실시하고 있다.

1.3 안전 · 안심교육 특별강의

안전 · 안심교육 특별강의는 안전 · 안심에 근거한 물품을 제조할 수 있는 기술자를 육성하기 위한 입문과목으로 1학년을 대상으로 실시한다. 그 동안, 안전공학 전문가가 안전한 물품제조의 사고방식에 대해 1학년도 알기 쉬운 개괄적인 강의와 안전하게 물품을 제조해 온 지역 기업기술자의 강연 및 지역의 방재를 담당하는 지자체 초청강사의 강연을 실시하였다. 이들 강연은 교직원 · 학생을 비롯하여 지역 일반인에게도 개방하여 안전 · 안심에 관한 의식을 향상하도록 하였다.

연도별 강연제목, 강연자, 강연내용은 아래와 같다.

【2006년도】
'안전 · 안심 물품제조에 대한 사고방식'

福島昭二(미츠비시 중공업(주) 나가사키 조선소 고문, 나가사키 대학 객원교수)

최근의 엘리베이터, 회전문, 가스중독사고 등의 사례 분석과 호화여객선 제작경험을 토대로 한 안전 · 안심 물품제조 실행방법과 사고방식에 관한 강연

'나가사키 현의 방재대책'

川原邦博(나가사키 현 위기관리 방재과장)

나가사키 현에서 일어난 주된 재해인 나가사키 대수해, 운젠후겐다케 화산재해 등의 설명 및 지진재해까지 포함한 나가사키 현의 방재대책 강화 상황, 그리고 '재해방지(방재, 防災)로부터 감재(재해감소, 減災)로의 방향 전환'에 대한 강연

【2007년도】

'안전 확보의 3원칙'

小池通崇(일본 원자력연구개발기구 안전총괄부 기술주간)

최근의 엘리베이터 사고나 원자력발전소 사고 등의 사례를 통해서 위험도평가, 수평전개, 안전문화의 3원칙에 입각한 안전 확보의 중요성 강연(사진 1.1)

사진 1.1　2007년도 안전·안심교육 특별강의

【2008년도】

'안전·안심과학 입문'

関根和喜(요코하마 국립대학교 안전·안심 과학연구교육센터 특임교수)

'리스크'를 키워드로 한 리스크 매니지먼트 및 안전과의 관계, 비용에 대한 강연

이 강의의 어려움은 '대학 신입생들에게 안전공학의 개념을 얼마나 쉽게 가르칠 수 있을까'라는 점이었다. 그러나 강의시점을 전공과목 몇 과목을 이수한 1학년 2학기 후반으로 개설하고, 안전공학 전문가에게 쉽게 강연해 달라고 의뢰함으로써 어떻게든 안전공학의

첫걸음을 떼게 할 수 있었다. 또한 안전공학의 내용을 각각의 강의에 반영시켜, 안전공학교육을 공학부 전체로 추진하기 위하여 공학부 교수들의 FD를 겸하여 실시했다.

연도별로 강연 후 학생들에게 주된 의견과 소감을 묻는 설문조사를 실시해 아래와 같은 답변을 얻었다.

- 너무 어려운 내용을 다루고 있어서 이해하기 어려웠지만 후에 도움이 되는 이야기였다고 생각한다.
- '공학자나 과학자는 새로운 기술을 만들 때, 사회가 받아들일 수 있는 범위까지 리스크를 줄여야 하기 때문에 사회에 대한 책임이 크다고 생각했다.
- 조금 어려운 내용이 많았지만, 평상시에는 생각하지 못했던 관점에서 사물을 볼 수 있게 되어 매우 신선한 기분으로 강연을 들을 수 있어서 좋았다.
- 연구·개발에는 반드시 리스크 요소가 있음을 알게 되어 연구의 길로 나아가고자 하는 나에게 있어서는 매우 중요하다고 생각했다.
- '어느 정도 안전해야 괜찮은 것일까'라는 것은 어려운 문제라고 생각했다. 리스크를 평가하는 수단을 처음으로 알게 되어 흥미로웠다.
- 내 나름대로의 판단이 사고나 문제로 이어진다는 말을 듣고 철저한 관리가 필요하다는 사실을 깨달았고, 앞으로 나도 기술자가 될 것이므로 조심해야겠다고 생각했다.
- 몇 개의 단계로 나누어 방호벽을 설치하는 것은 무엇보다도 중요하다고 생각한다.
- 안전·안심의 확보는 우리의 생활에 있어서 매우 중요한 일

임을 재차 느꼈다.

이러한 설문조사 결과를 통해, 공학부 1학년에게 안전한 물건을 만드는 것이 얼마나 중요한지에 대한 강한 인상을 줄 수 있었음을 알 수 있었다.

본 GP 프로그램이 종료된 다음 해인 2009년도부터는 1학년 필수 과목인 전 15회의 '교양특별강의' 중 2회는 공학부 교수가 안전·안심에 관한 내용의 강의를 실시했으며, 2010년도에는 3회로 늘리게 되었다. 이와 같이 공학부에서 시작된 안전·안심을 대학 전체로 확대하여 나가사키 대학 교육의 주요한 방향으로 설정하였다.

1.4 안전공학세미나

안전공학세미나는 2, 3학년의 학부생들에게 구체적인 사고조사를 통해, 그 결과를 발표·토론시키는 쌍방향수업으로 안전·안심에 대해 깊게 생각하게 하는 실습과목이다.(그림 1.3)

그림 1.3 안전공학세미나

구체적으로, 1학년 때 수강한 안전·안심교육 특별강의의 내용을 기초로 하여 강의 초기에 담당교수와 외부에서 초청한 강사에게 안전공학의 기초를 배운다. 그 후에 학생들은 3, 4명이 하나의 조가 되어 각 조가 사고 혹은 재해를 상세하게 조사한다. 담당교수는 각 조에게 조사상황을 매주 발표시켜, 반 전체적으로 조사방법·내용에 대해 토론함으로써 조사내용을 충실하게 만든다. 최종적으로 발표회를 열어 기업이나 다른 대학교에서 초빙한 안전전문가로부터 평가를 받게 하고, 필요에 따라 견학도 실시하여 사고나 재해의 실상을 배우도록 한다.

조사의 주된 내용과 정리방법은 아래와 같다.

【주요조사 내용】

사고나 재해에 대한 '개요', '상황', '원인', '대응과 사후 경과·대책' 및 '대응과 사후대책의 타당성'

【정리방법】

안전·안심 특별강연회 등에서 배운 '수평전개', '리스크 평가', '안전문화'라는 세 개의 관점으로 정리한다.

연도별로 학생이 조사한 사고는 아래와 같다.

【2007년도】
- 스쿠버용 용기 파열사고
- HII로켓 8호기 발사 실패
- 와카야마(和歌山)의 터빈 파괴사고
- 아폴로 13호 산소탱크 폭발사고
- 엑스포랜드 제트 코스터 사고

• 타이타닉호 침몰사고

【2008년도】

• HII-A로켓 6호기 발사 실패
• 고속열차 ICE의 탈선·전복사고
• LR 항공기의 퓨즈 절단에 의한 추락사고
• 영단 지하철 히비야(日比谷)선 탈선·충돌사고

【2009년도】

• 롯폰기 모리타워 회전문사고
• 에어 캐나다 143편 연료 부족사고
• JR 서일본 후쿠치야마(福知山)선 탈선사고

이 과목은 2007년도부터 개강하여 GP 종료 후인 2009년까지 3년 간 실시하였는데, 담당교수의 입장에서는 다음과 같은 소감을 갖게 되었다. 예를 들면, 안전·안심에 대해 막연한 인식밖에 없던 학생 들이 구체적으로 사고나 재해를 조사하면서 사고 전의 상황과 사고 후의 개선상황에 대한 위험도평가를 각각 시행해 봄으로써 실제로 안전·안심을 실행하는 것의 중요성과 어려움을 배운다는 것은 중 요한 체험이며 향후 기술자로서의 경력에 있어서 반드시 활용될 것 이라는 것이다.

1.5 산·학·관 연계 프로젝트 실습

산·학·관 연계 프로젝트 실습은 공학이 사회를 위해 존재한다 는 강한 의식을 갖게 하는 것을 목적으로 하는 산·학·관이 연계하여 실시하는 수업이다.(그림 1.4) 현지 기업·지자체 등으로부터 안전·안심 및 물품제조에 관한 구체적인 문제를 의뢰받아 관계자로부터 조언을 받아가면서 담당교수의 지도·지원 하에 제품의 개발, 지역사회·환경에 관련된 문제해결을 학생 자신이 시도하는 것이다.

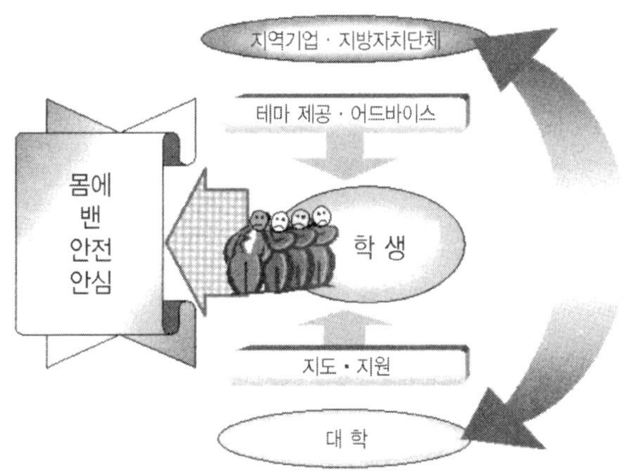

그림 1.4 산·학·관 연계 프로젝트 실습

산·학·관 연계 프로젝트의 연도별 테마는 아래와 같다.

【2007년도】 (사진 1.2)
- 도로방재사업에서 지역 주민과의 협력체제 구축방법에 대한 검토
- 홍수시 긴급대피 경로도의 내용과 보급방법에 관한 검토
- 실리콘 웨이퍼 재이용 기술의 확립을 위한 기초조사
- DLC(다이아몬드 라이크 카본) 박막조사 및 이용법의 개발

【2008년도】
- 저가의 내진보강 방법 및 내진진단의 보급·발굴
- 지진재해시, 구조용 자재의 조달체제에 관한 검토

- 토사재해 위험지역에서 재해발생시, 구호가 필요한 사람들의 피난지원 방안 검토
- 태양전지에 관한 LCA(라이프 사이클 평가) 분석 현황
- DLC의 강도 조사
- 새로운 wing-mop 조임기의 개발

사진 1.2 2007년도 산·학·관 연계 프로젝트 실습 발표회

사진 1.3 2008년도 산·학·관 연계 프로젝트 실습 발표회

이러한 실습을 실시한 학생을 대상으로 설문조사를 실시한 결과, '산·학·관 연계 프로젝트 실습을 통하여 안전·안심, 환경에 대한 관심이 높아졌는가', '산·학·관 연계 프로젝트 실습을 통하여 안전하게 물건을 만들어야 한다는 의식을 가지게 되었는가' 등의 질문에 대하여 긍정적인 의견이 거의 대부분이었다. 이러한 결과로 보더라도 본 프로젝트 실습이 학생의 안전·안심에 대한 의식을 향상시켰음을 알 수 있었다.

교수 중에는 '학생에게 너무 어려운 것 아닌가'라는 걱정도 있었지만, 특허를 출원한 테마나 현지 지자체로부터 높이 평가받은 테마도 있어서 전체적으로는 좋은 방향으로 가고 있는 것으로 판단하였다. 또한, 이른바 PBL(Problem Based Learning)교육이기 때문에 과제에 대한 탐구심을 기르는 효과가 기대되고, 무엇보다도 지역과 대학이 함께 성장할 수 있다는 점에서 의의가 있다고 판단된다.

1.6 안전·안심 물품제조교육 공개토론회

일반인을 대상으로 한 GP성과발표회로써 '안전·안심 물품제조교육 공개토론회—나가사키에서 시작된 지역에서 배우는 실천교육—'을 매년 개최하였다. 본 공개토론회는 GP사업과 공학부가 이전부터 진행해 온 '지역과 제휴한 물품제조교육'에 관한 보고를 실시함과 동시에 지역의 기업으로부터 대학교육에 바라는 점, 지자체 관계자의 인재육성대책에 관한 강연이 있었다. 또한, 지역과 협력한 안전·안심 물품제조교육의 추진방향에 대해 공학계열 대학, 고등전문학교, 고등학교 등의 교수 및 교사와 현·시 등의 지자체 관계자, 기업의 기술자 등과 함께 토론을 진행하였다. 이는 각 기관이 함께 협력함으로써 앞으로의 활동이 효과적으로 이어질 수 있도록 하는 것을 목적으로 하고 있다.

아래에는 2006년도부터 2008년도까지 실시한 공개토론회를 연도별로 기재하였다.

【2006년도】

1. 나가사키 대학 학장 인사 : 斎藤 寛

2. 공학부 부장 인사 : 小山 純

3. 기조연설

  강연1. 로터리 엔진 개발을 통한 공학교육에 대한 기대

  田島誠司(마츠다주식회사 동력전달장치(Power train) 개발본부 주간)

  강연2. 안전 · 안심과학과 기술자 교육

  関根和喜(요코하마 국립대학 안전 · 안심과학연구 교육센터장)

4. 사업설명과 보고 나가사키 대학 공학부 현대GP 담당교수

  吉武 裕(나가사키 대학 공학부 실무교육 추진위원회 부위원장)

5. 패널 토론

〈공개토론회 개요〉

  NHK에서 방영된 프로젝트X 최종회에서 일본 기술자대표로 출연한 마츠다주식회사의 田島誠司 씨와 일본 안전공학교육의 선구적기관인 요코하마 국립대학 안전 · 안심과학연구교육센터의 센터장인 関根和喜 씨를 초대하여 Well City-나가사키에 대해 상기의 프로그램을 실시하였다. 즉, 실무교육과 안전공학교육 관점에서 기조강연과 이 사업을 보고함과 동시에 이에 근거하여 기업과 타 대학, 지자체가 참여하여 토론하였다. 본 공개토론회는 학부 FD로써 실시되어 공개토론회의 성과를 학내 · 외로 확산하는 계기가 되었다.

〈공개토론회의 성과〉

설문조사에서는 참가자의 85%가 '안전공학교육의 필요성'을 인식하였고, 참가자의 74%가 '공개토론회의 강연내용이 앞으로 자신의 업무에 도움이 될 것'이라고 대답했다. 이 공개토론회를 통해서 나가사키 대학 공학부의 구성원이 이후에도 안전공학교육을 추진해야 할 것이라는 인식을 공유할 수 있었다. 또한 강연내용도 이후의 업무에 도움이 되는 내용이었다.

요코하마 국립대학의 안전·안심과학연구교육센터장으로서 센터의 운영과 안전공학교육의 리더 역을 맡고 계신 関根 씨는 공개토론회에 앞서 나가사키 대학 공학부 내에 설치 예정인 안전공학교육센터의 운영과 안전공학교육의 과정에 관해 실무교육추진위원회 위원들을 대상으로 강연을 실시하였다. 강연 종료 후에 활발한 질의응답이 있었는데, 특히 'GP를 계기로 안전공학교육의 특징을 살려 보다 적극적으로 활동해야 한다'는 조언을 받아 이후의 사업 진행에 큰 참고가 되었다.

【2007년도】

1. 공학부 부장 인사 : 茂地 徹

2. 사업설명과 보고 나가사키 대학 공학부 현대GP 담당교수 :

　　吉武 裕(나가사키 대학 공학부 실무교육 추진위원회 부위원장)

3. 지역과 협력한 학생교육 사례 소개(공학부 학생이 보고)

　　① 산·학·관 연계 프로젝트 실습

　　　• 도로방재사업에 대한 지역 주민과의 협력체제 구축방법에 관한 검토

　　　• DLC 박막조사 및 이용법 창조

　　② 개발 프로젝트 실습

- 3개 대학이 협력한 복지기기 개발로 물품제조 콘테스트에 도전
- 난치병 환자를 위한 기기개발

4. 강연

① 지역과 협력한 물품제조교육

石松隆和(나가사키 대학 공학부 교수)

② 산업계가 기대하는 엔지니어링 미래상

吉田博久(나가사키 현 산업진흥재단 기술총괄)

5. 패널 토론

〈공개토론회 개요〉

2007년도에는 '지역과 협력한 종합실무교육 공개토론회'를 개최하였다. 2007년도 사업과 공학부가 이전부터 진행해 온 '지역과 협력한 물품제조교육'에 관한 보고와 함께 지자체 관계자로부터 교육에 관한 지역과의 협력에 대한 강연을 들었다. 또한 지역과 연계한 종합실무교육의 과정에 대해, 이공계 대학, 고등전문학교, 고등학교의 교수 및 교사와 현(縣)·시(市) 등의 지자체 관계자, 기업의 기술자 등과 토론을 실시하여 앞으로 각 기관이 연계된 효과적 활동으로 이어질 수 있도록 공학부의 FD로서 이를 실시하였다.

〈공개토론회의 성과〉

설문조사 결과에서는 94%의 참가자가 지역과 협력한 실무교육의 필요성을 느꼈으며, 72%가 '공개토론회의 내용이 앞으로 업무에 도움이 될 것'이라고 응답하였다. 또한 참가자의 79%가 '나가사키 대학과 지역이 협력한 실무교육에 적극적으로 참여하겠다'고 대답하였다. 본 토론회는 지역과 협력한 실무교육을 통하여

대학뿐만 아니라 지역 전체를 활성화시킨다는 큰 목적을 위하여 산·학·관이 공동인식을 재확인한 의미 있는 공개토론회였다. 또한 '산·학·관 연계 프로젝트와 개발 프로젝트의 차이점을 명확히 할 필요가 있다', '산·학·관 제휴 프로젝트에 참가를 희망하는 기업을 대학에서 개최하는 설명회에 참여시키면 어떨까'라는 의견도 있었다. 이외에도 '교육과 연구 중 어느 쪽과의 협력인지 구별이 되어 있지 않다'는 응답도 있었지만, 현실적으로 지역과 대학의 협력에 있어서는 교육과 연구, 그 양쪽이 모두 필요하다. '지역 기업이 무엇을 필요로 하는지, 지역 기업은 무엇을 알고 있는지, 대학이 무엇을 원하고 있는지, 대학은 무엇을 알고 있는지에 대해 서로 알지 못하면 협력은 어렵다'는 참가자의 소감에서도 알 수 있듯이, 협력은 서로를 아는 것에서부터 시작된다고 생각된다.

【2008년도】

1. 나가사키 대학 학장 인사 : 片峰 茂

2. 공학부 부장 인사 : 茂地 徹

3. 기조강연

   • 물품제조 기업이 대학교육에 바라는 점

   相馬和夫(미츠비시공업(주) 나가사키조선소 소장) (사진 1.4)

4. 강연

   ① 현대GP 사업보고

   香川明男(나가사키 대학 공학부 실무교육추진위원회 부위원장)

   ② '지역과 협력한 물품제조교육의 실천'

   石松隆和(나가사키 대학 공학부 창조공학센터 센터장)

   ③ '재해에 대한 지역의 안전·안심'

高橋和雄(나가사키 대학 공학부 안전공학교육센터 센터장)

④ '나가사키 현 인재육성정책'

櫻木祐宏(나가사키현 산업노동부 참사(参事))

5. 지역과 연계한 학생의 교육사례 소개(공학부생이 보고)

① 산·학·관 연계 프로젝트 실습

• 새로운 Wing mop 조임기 개발

② 개발 프로젝트 실습

• 문라이트 프로젝트 보고

6. 패널 토론

〈공개토론회 개요〉

2008년도 심포지엄은 3년간에 걸친 GP사업을 총괄하여 실시하였다. 처음에 片峰茂 학장, 茂地徹 공학부 부장의 인사를 시작으로 본 프로그램 담당교수의 2010년도 프로젝트 사업보고 후 石松隆和 나가사키 대학 공학부 창조공학센터장의 '지역과 협력한 물품제조교육의 실천', 高橋雄和 나가사키 대학 공학부 안전공학교육센터장의 '재해에 대한 지역의 안전·안심' 강연이 있었고 활동에 대하여 구체적인 설명이 이루어졌다. 또한 櫻木祐宏 나가사키현 산업노동부 참사관은 '나가사키 현의 인재육성시책'의 구체적인 내용에 대해 설명하였다. 이어서 지역과 협력한 교육의 사례로써 공학부 학생이 산·학·관 프로젝트 실습과 개발 프로젝트 실습 보고 등 2건을 소개하였다. 마지막으로 안전·안심 물품제조교육을 어떻게 추진해 갈 것인가라는 관점에서 茂地 徹 공학부장, 石松隆和 창조공학센터장, 高橋雄和 안전공학교육센터장, 櫻木祐宏 나가사키현 산업노동부 참사관과 공개토론회에 참여한 참가자들이 토론을 가졌다. 앞서 실시된 강연 4건과 사례소개 2

건에 대해 참가자들과 활발한 논의가 이루어졌고, 지역과 협력한
안전·안심 물품제조교육의 구체적인 과정, 문제점 등에 대해 토
론하였다.

사진 1.4　2008년도 안전·안심 물품제조교육 심포지엄
미츠비시중공업(주) 나가사키조선소 相馬和夫 소장의 강연
〈물품제조기업이 대학교육에 바라는 점〉

사진 1.5　2008년도 안전·안심 물품제조교육 심포지엄
〈지역과 협력한 학생교육의 사례 소개〉

〈공개토론회의 성과〉

본 공개토론회를 포함하여 GP사업기간 중에 총 3회 실시한 공개토론회는 매년 GP사업을 보고하면서 나가사키 대학 공학부가 이전부터 실시해온 선진교육도 함께 널리 알려 관계 기관의 이해를 증진시킬 수 있었다. 설문조사 결과, 참가자의 83%가 실무교육의 중요성을 느꼈고, 77%가 공개토론회의 내용이 앞으로의 업무에 도움이 될 것이라고 대답하였다. 또한, 이번 기조강연에서는 현지 대기업 경영진들이 대학교육과 나가사키 대학 공학부에 원하는 것에 대해 솔직한 심경을 전함으로써 향후 교수들의 교육에 있어서 하나의 지침이 되었다.

토론회를 통해 참가자간에 안전·안심 물품제조교육의 중요성을 공유할 수 있었다.

〈향후의 사업에 반영〉

공개토론회에서 기업이 제안한 인턴사원제 실시방법 등 구체적인 의견에 근거하여 향후의 사업을 개선해 나갈 예정이다. 또한 GP사업과 직접 관계가 없는 현지기업도 참가하여 의견교환을 할 수 있었던 것은, 나가사키 대학 공학부와 지금까지 교류가 없었던 현지 기업 간에 향후 연계교육으로 이어질 가능성을 보였다. 이와 같은 일은 GP사업 종료 후 사업을 지속하는 관점에서 매우 의미 있는 일이었다.

안전안심공학
기초 편

제2장   안전·안심 과학의 기초

제3장   물품제조에 있어서의 안전

제4장   정보의 안전·안심

제5장   물질의 안전·안심

제 2 장

안전·안심 과학의 기초

2.1 안전·안심 과학이란? – 그 목표와 출발점 –

이 책의 키워드로 다루고 있는 '안전'과 '안심'이라는 단어는 최근 사회에서 흔하게 사용되고 있는 일상용어일 뿐 아니라, '안전·안심 사회 구축'이라는 표현과 같이 일본 정부의 중요 정책 과제 속에서도 거론되고 있었다.[1] 그렇다면 안전·안심은 어떠한 개념을 가지고 있으며 우리가 지향해야 할 '안전·안심 사회'란 과연 어떠한 사회를 의미하는 것일까? 이와 같이 사람이 '삶을 영위'하는 데에 있어 보편적이고 근원적인 물음에 대답할 수 있는 학문분야는 유감스럽지만 아직 확립되어 있지 않다. 이러한 의미에서 나가사키에서 시작된 움직임은 실로 효시적 첫걸음이 될 것으로 생각한다.

우리는 최근 들어 부쩍 다양한 리스크에 둘러싸인 채 생활하고 있다고 절감하게 되었다. 독일의 유명한 사회학자인 울리히 벡(Ulrich Beck)은 이와 같은 현대의 복잡한 고도 기술사회를 '리스크 사회'라 불렀다.[2] 울리히 벡은 단순한 기술적 '리스크론'으로 한정하지 않고 '리스크'라는 단어와 개념을 빌려서 현대의 사회구조와 그

특성을 해명하고자 시도하였다. 이는 사회학적 리스크 연구에 새로운 길을 개척한 것으로 여겨지고 있다. 그 목표를 쉽게 서술하자면, '안전하고 안심하며 살 수 있는 사회를 구축하는 사고와 방법론을 연구하고 그 결과를 '리스크 사회'에 적용 가능한 구체적인 방법을 찾아내는 것이다.

학자들은 이러한 학문영역을 '안전·안심 과학'으로 부르고 있다.[3] 이 새로운 과학을 구축해 가기 위해서는 과연 무엇부터 시작해야 하는 것일까? 이를 위해서는 우선 '안전·안심 사회란 무엇인가' 혹은 '실현해야 할 안전·안심이란 어떠한 것인가'에 관한 과학적인 검토에서 출발해야 한다고 생각한다. 이러한 21세기의 새로운 과학에 대한 사고의 기초는 무엇인가? 간파하기 어려운 것이기는 하지만 2장에서는 새로운 학문영역 개척을 위한 문제 제기라는 입장에서 기본적이라 생각되는 사항에 대해 설명하고자 한다.

2.2 리스크란? – 개념과 본질 –

'안전·안심' 문제를 생각하는 데에는 다양하게 접근방법이 있다. 앞 절에서도 언급했지만, 사회학자 울리히 벡이 말한 것과 같이 '안전·안심'의 개념 또는 '안전·안심 사회'의 의미를 '리스크라는 단어와 개념에서 바라보고 검토'하는 것도 방법론 중 하나가 될 수 있을 것으로 생각하며 본 절에서는 그 입장을 취하고자 한다.

우선 '리스크(Risk)'란 어떠한 개념이며 어떠한 것에 기인하는지, 그리고 어떻게 정의할 수 있는지에 대해 정리하고자 한다. 리스크라는 용어는 분야나 대상이 되는 사항의 성격에 따라 다양하게 사용되어 단순하게 정리하기 어려운 것이 사실이다. 반대로 말하면

이 다양성이야말로 '리스크'가 갖고 있는 본질적이라고도 말할 수 있다. 그러나 다양하게 사용되고 있는 리스크들의 공통적인 기본개념을 추려내면 '불확실성(uncertainty)'으로 표현할 수 있을 것이다.

　리스크는 사상(事象)의 발생과 그 결과의 불확실성을 전제로 한다. 그 불확실성에는 사상이나 현상이 가지는 통계적 변동성이나 우발성에 기인하는 것(이것을 확률적 불확실성(stochastic uncertainty)이라고 한다)과 현상 발생에 관한 지식 부족이나 결핍으로부터 오는 2종류가 있다. 후자를 '인식적 불확실성(epistemic uncertainty)'이라고 하는데4), 우리가 생활하는 현대사회의 고도 과학기술 시스템에 국한하여 단순히 '모른다', '이해하지 못한다'라는 의미는 아니다. 고도로 복잡해진 과학기술 시스템에는 반드시 '모르는' 부분이 존재하는데, 이것은 '안전·안심'에 대한 논의를 진행함에 있어서 핵심적 용어로 다루어야 할 것이다. 왜냐하면, 이 '모른다'는 것은 과학기술 시스템의 '복잡성'과 과학기술의 전문성 분화(또는 기능 분화)라고 하는 현대 기술사회의 구조적 특성에서 기인하는 것이며, 이는 고도 기술사회가 가지고 있는 리스크의 근원과 관계되기 때문이다.5)6) 즉, 새로운 과학기술 개발을 가능하게 하는 '알고 있다(知)'는 데에는 반드시 맹점이 있으며, '모른다(非知)'는 것을 인정해야 하는 것이다.

　이와 같이 생각하면 기술 시스템에 기인하는 리스크는 우리가 발달시킨 과학기술의 불완전성 혹은 결함이나 미비함으로부터 직접적으로 만들어지는 것인가 라는 의문이 생긴다. 그렇게 생각하면 안전·안심의 문제를 본질적으로 해결할 수 있을까? 오히려 과학기술이 우리가 원한 것에 대한 필연적 결과로서 리스크가 초래된다고 하는 편이 문제의 본질에 도달하는 것은 아닐까 생각된다. 개발된 기술 그 자체가 나쁘거나 그 사용법이 이상하기 때문이 아니라 그것들을 사용하여 '커다란 편의성을 취하고자 하는 행위' 그 자체로부터 리스크가 발생·증대한다고 이해한다. 예를 들면, 화학물질의 독성(물성) 그 자체가 아니라, 그것을 사용함이 인체의 건강에 미치는 영향이나 위험성을 주시해야 한다는 것이다. 즉, 미국의 리스크 사회학자인 찰스 페로(C. Perrow)가 말했듯이[7], 고도 과학기술의 재해사고란 사회기술 시스템의 복잡성에 기인하는 고유하고 정상적인 현상으로 파악할 필요가 있으며, 그것이야말로 현대 기술사회가 안고 있는 '리스크의 본질'이기도 하다.[8]

2.3 리스크의 정량화

(1) 리스크의 종류와 의미 – 재해 리스크와 투기적 리스크 –

리스크는 불확실성의 개념을 포함하지만, 확률 혹은 빈도, 즉 개연성의 측도(measure)가 주어진 것을 일반적으로 '리스크'라 부른다. 한편 확률 모델로 정의되지 않고 개연성의 정량적 척도를 부여할 수 없는 불확실한 사상도 다수 존재한다. 이러한 개념을 포함하는 것은 '넓은 의미의 리스크'라고 하기도 하지만 현재 과학기술분야에서는 이를 대상으로 하고 있지 않다.

개연성의 측도가 부여된, 즉 측정할 수 있는 불확실성에는 사태의 발생 가능성(사상의 발생확률) 또는 결과의 기대치와 예상되는 결과의 괴리(기대치 부근의 변동성)라는 두 가지 함의가 있다. 전자의 의미에서의 리스크를 '순수 리스크(pure risk)'라고 하며, 후자를 일반적으로 '투기적 리스크(speculative risk)'라고 부른다. 투기적 리스크란 경영학적 협의의 리스크로서, 손실이라든지 손해라고 하는 불이익과 동시에 이익의 가능성도 포함된다. 여기서는 통계학상의 '분산'이나 '표준편차' 개념이 자주 이용된다.

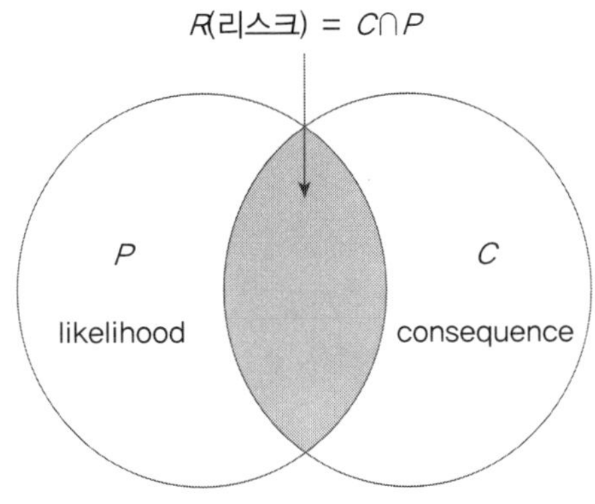

그림 2.1 재해 리스크의 개념

순수 리스크는 자연재해, 각종 사고, 환경오염, 기업의 배상 책임, 테러 위협(threat) 등 바람직하지 않은 사상의 발생 가능성을 대상으로 한다. 제2장의 주제는 과학기술 시스템으로 인한 사고나 환경오염 등의 위험(hazard)에 관한 이른바 '재해 리스크'이다. 따라서 이 경우, 리스크 R은 일반적으로 '재해·위험 사상이 발생할 가능성(likelihood, P)과 그것이 발생했 때의 결과인 중대성의 결합체(magnitude of consequence, C)'라고 정의한다. 즉, 리스크 R은 수학적으로 엄밀한 표현은 아니지만 P와 C 양자의 교집합이며(그림 2.1 참조)

$$R = C \cap P \tag{1}$$

으로 쓸 수 있다. 즉, 사상의 발생 가능성과 그 결과 양쪽 모두의 개념이 포함되어 있다면, 그것은 리스크의 지표로서 사용이 가능하다는 것을 의미한다. 뒤에서 서술하겠지만, 식(1)의 가장 간단한 예가 결과(손해)의 기대치($C \times P$)이다. 예를 들면, 반정량적인 리스크 순위의 표현방식으로, 그림 2.2와 같은 '리스크 매트릭스' 등이 자주 이용된다.

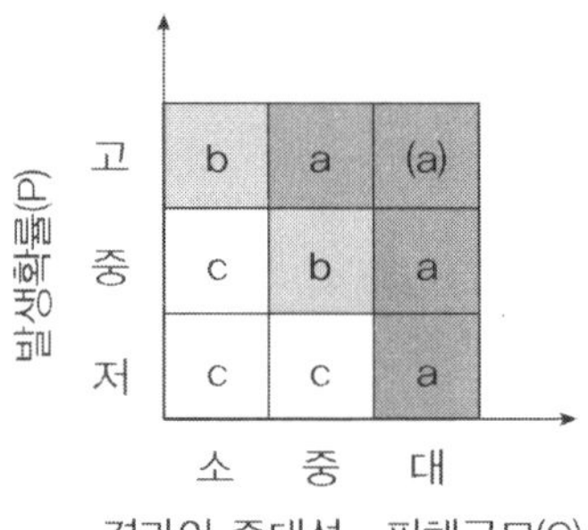

결과의 중대성 · 피해규모(C)

순위   a: 고위험, b: 중위험, c: 저위험
(a): 현실에서는 있을 수 없음

그림 2.2   리스크 매트릭스

환경 리스크 관리 분야에서[9] 최종적으로 피해야 할 바람직하지 않은 사상을 '종료점(endpoint)'이라는 단어로 표현한다. 이 때, 종료점의 발생확률(또는 빈도)을 리스크로 정의한다. 결과의 중대성인 C를 고정하고, 발생 가능성 P를 논의하는 아주 명확한 방식이다. 하지만 무엇이 종료점인지, 또 질이나 타입이 다른 재해 리스크를 어떻게 비교하고 중요도를 정할 것인지가 중요한 과제이지만, 본 장에서는 이 논의는 생략한다.

(2) 재해 리스크의 공학적 표현

대상이 되는 기술 시스템에 대해 위험원이 현실화하여 재해가 발생하는 결과에 이르기까지의 경위와 프로세스를 '재해 시나리오'라고 한다. 상정할 수 있는 재해 시나리오 S_i의 발생 확률 P_i 및 결과 C_i를 토대로 리스크를 정량적으로 평가하는 방법론을 '확률적 리스크 평가(Probabilistic Risk Assessment, PRA)'라고 한다. 이 때, 출발점으로서의 리스크 R은 다음과 같은 리스크 요소 세 개의 삼중집합(set of triplets)으로 표현된다. 즉,

$$R = \langle s_i,\ p_I,\ c_i \rangle,\ (i = 1,\ 2,\ 3,\dots,\ N) \tag{2}$$

여기서, s_i : i번째의 재해 시나리오

p_i : 시나리오 s_i가 현실화될 확률(또는 빈도)

c_i : 시나리오 s_i에 의해 발생되는 결과 또는 피해의 크기

식(2)는 1981년 카플란(Kaplan)과 개릭(Garrick)10)이 제시한 재해 리스크의 기본식이다. 앞의 2.1에서 서술한 재해 리스크의 개념은 식(2)를 추상화한 것이다. 식(2)는 여러 종료점의 조합을 시나리오$_S$ 형태로 명확하게 표현했다는 점에서 식(1)보다 구체적이라 할 수 있다.

리스크 R은 식(2)와 같이 써도 리스크가 정량화되는 것은 아니다. 그렇다면 어떠한 형태나 수치(스칼라 양)로 정리하면 좋을까? 이것이야말로 '안전공학'의 주요 과제이지만, 수치화의 방법론과 형식이 같을 필요는 없다. 식(2)의 함의를 갖는 것이라면 특정한 리스크에 대한 평가의 목적에 따라 여러 가지 형식(수치화 양식)으로 표현할 수 있다. 이것이 리스크 개념의 다양성이며 본질이기도 하다. 가장 단순하면서도 공학적인 응용성이 넓은 공식은 식(3)과 같다.

$$R = \sum_{i=1}^{N} c_i \cdot p_i \tag{3}$$

즉, 리스크 R은 결과(피해)의 기대치 그 자체라고 본다. 이 경우, 리스크의 차원은 형식상 결과의 단위와 동일하지만 P_i에 일정한 관측기간 중 해당 현상이 발생할 확률이라는 뜻이 담긴 것을 고려하면 리스크 R은 단위시간 당 '결과', 즉 피해 기대치[손실·피해의 크기/시

간]로 나타낼 수 있다. 실제로 카플란과 개릭은 리스크의 기본 표현 식 (2) 중 불확실성의 측도인 P_i를 빈도적 의미의 확률(The probability of frequency)로 해석하고 있다.[10]

피해 기대치를 사용하여 리스크를 계산하는 단순 예로서, 총인구가 2억 명인 국가에서 연간 15×10^6 회의 자동차사고가 발생하고, 그 사고 중 300회당 1회꼴로 1명이 사망하는 경우를 생각하자. 이 때, 개인당 자동차 사망 리스크와 국가(사회) 전체적 사망 리스크를 다음과 같이 각각 계산할 수 있다. 즉,

$$R1 = \{15 \times 10^6 \ \text{사고}/\text{년}\} \times \{1\text{사망}/300\text{사고}\} = 5 \times 10^4 \ \text{사망}/\text{년}$$
$$R2 = \{5 \times 10^4 \ \text{사망}/\text{년}/2 \times 10^8 \text{명} = 2.5 \times 10^{-4} \text{사망}/\text{명} \cdot \text{년}$$

앞의 $R1$을 사회적 리스크, $R2$를 개인적 리스크라고 한다.

구체적인 기술 시스템을 예상하여 그 시스템의 중요 고장에 대한 원인을 소급적으로 전개하고, 이러한 신뢰성 데이터를 토대로 기능 상실(고장) 확률을 추정하는 폴트 트리 해석(Fault Tree Analysis, FTA)[11][12] 이나 시스템의 사고현상 전개해석을 실시하는 이벤트 트리 해석 (Event Tree Analysis, ETA)[12] 등의 공학적 신뢰성해석 수법을 식(3)과 결합시키는 형태로 정량적 리스크 평가를 실행할 수 있다.

2.4 재해 리스크의 허용성(tolerability)과 안전

리스크의 개념에 대해서 앞에서 기술했지만 여기에서는 '안전' 또는 '안전성(safety)'과 재해 리스크 간에 어떠한 관계가 있는지를 언급하고자 한다.

안전이란 '재해나 위해가 생길 두려움이 없는 것'이 일반적인 사전적 의미이다. '두려움'은 가능성을 가리키므로 '재해나 위해가 생길 두려움'이라는 것은 바로 리스크를 의미한다. 즉, 안전은 리스크를 통하여 정의된다. 안전(S)은 리스크(R)의 함수인데 서로 상반적 관계가 아니고, 양자는 상호 보완적인 관계로 생각할 수 있다. 상호 보완적이라는 것은 안전의 정도(S)와 리스크 단계(R)의 관계가 예를 들면 다음과 같이 되는 것이다.[1]

$$S = I - R \tag{4}$$

여기서, I는 정수로서 이른바 '이상적인('이념적인'이라고 해도 좋다)' 안전 목표치를 나타내고 있다. 식(4)에서 리스크 제로 상태가 있을 수 없다면 이른바 '절대 안전'은 없다는 것을 의미한다. 그러면 어디까지가 안전한가? 그 경계는 여러 요건으로부터 정해지는 허용 레벨이나 목표 레벨이 된다.

ISO/IEC에 따르면, '안전'이란 허용 가능한(tolerable) 리스크 레벨(R_s) 이하로 억제되어 있는 상태이다. 이와 같이 생각하면 우리가 리스크의 저감 시책 등 '리스크 대응'으로 다루는 주요한 리스크는 R_s 초과하는 부분으로서 이를 R'라고 하면 식(4)는

$$S = I - (R' + R_s) \tag{5}$$

로 쓸 수 있다. 유효한 안전대책이 세워지고 R'가 소멸된 상태를 '안전'이라고 말한다고 하면 식(5)는 '잔여 리스크(residual risk)'가 반드시 존재한다는 것을 나타내고 있다. 정확하게 말하면 허용 가능 리스크 R_s는 저감할 필요는 있지만 '견딜 수 있는', '참을 수 있는' 리스

크 정도를 의미한다. R_S 레벨을 저감시켜 대부분의 사람이 실제 리스크로 인지하지 못하는 정도가 된 것을 '광범위하게 받아들일 수 있는(acceptable) 리스크 레벨'[13]이라고 부른다. 식(4)의 개념을 포함한 이와 같은 관계를 그림 2.3에 나타내었다. 즉, 안전의 기준개념은 리스크의 허용성(tolerability of risk)으로부터 결정된다.[14] 또한, 식(4)와 식(5)에 명시되어 있는 상호 보완성이라는 것은 모든 리스크가 인식·카운트된다는 이상적인 조건, 즉 '망라성(網羅性)'을 전제로 하고 있다. 현실적으로는 이러한 일이 결코 있을 수 없다. 이것이야말로 현대의 고도 과학기술 시스템에서의 '모른다(非知)'라는 문제와 깊이 관계되어 있다[6]. '모른다'는 개념을 전제로 허용 가능한 리스크 레벨인 R_S에 관해서 "얼마나 안전해야 충분히 안전한 것인가?(How safe is safe enough?)" 라는 논의에 입각한 사회적 함의의 형성을 통해 R_S 레벨을 얻을 수 있다. 그러나 리스크의 허용성이라는 개념의 존재를 인정하는 것이 지극히 중요하며 이것으로부터 이른바 사회적 수용(public acceptance: PA)이라는 의미가 성립된다.

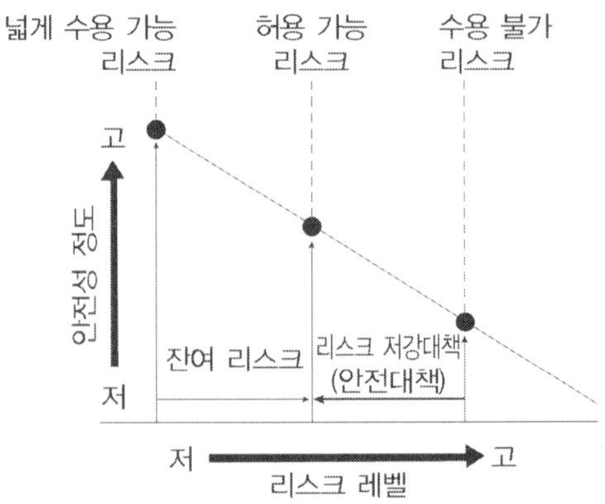

그림 2.3 리스크 허용성과 안전

2.5 위기관리와 안전문화

(1) 위기관리와 위기관리 시스템

안전성(안전의 정도)은 리스크의 함수이며, 일반적으로 '안전'은 리스크의 회피(avoidance)와 저감(mitigation)이 적절히 이루어져 허용 가능한 정도(tolerable level)로 리스크 수준이 억제되어 있는 것을 의미한다. 이를 구체적으로 실현하는 틀이 이른바 '위기관리(risk management)'이다. 즉, 불확실한 상황 하에서 현실화될 수 있는 위험원을 규정·평가 및 제어함으로써 최소의 비용으로 그 결과(즉, 리스크)를 최소화하는 작업이다. 구체적으로는 그림 2.4에서 보는 바와 같이 리스크(또는 해저드)의 발견·추정에서 시작하여, 넓은 의미의 '안심'에 포함되는 리스크 커뮤니케이션까지의 모든 단계를 말한다.

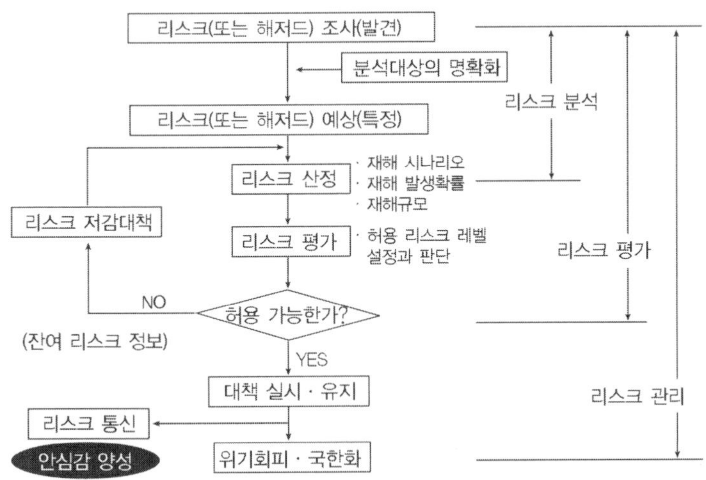

그림 2.4 리스크 관리의 순서

　여기에서 리스크 산정까지의 프로세스를 '리스크 분석'이라 하며, 이것을 포함하여 산정된 리스크가 어느 수준이며, 이것이 허용 가능한 정도인지 아닌지를 평가하는 단계까지를 '리스크 평가(risk assessment)'라고 한다. 리스크 평가 후, 비록 허용 가능한 리스크일지라도 반드시 잔여 리스크는 존재하고 그 정보의 명시(공개)는 필수적이다. 이상적으로는 허용 가능 레벨(Rs) 이상의 잔여 리스크 전부에 대해 저감대책을 세우고, 재평가하는 사이클이 이루어져야 하지만 현실적으로는 어려운 실정이다. 이 때, ALARP(As Low As Reasonably Practicable의 약어) 원칙에 의한 평가의 적용을 고려할 수 있다.

　즉, 리스크 저감에 필요한 비용을 고려하고(코스트 편익 기준의 부연), 합리적으로 실행할 수 있는 범위 내에서 가능한 한 낮은 레벨(ALARP 영역이라고 한다)로 리스크를 억제하는 것이 현실적인 대책이다. ALARP 원칙이란, 원래 영국의 HSE(Health and Safety Executive)가 제창한 것으로 14), 그림 2.5에 제시된 개념도에서 보는 바와 같다.

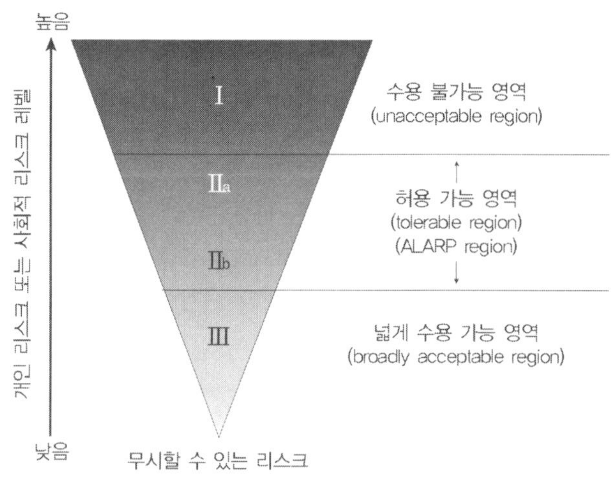

그림 2.5 ALARP와 리스크 레벨의 관계

그림에서 세로축 방향은 개인 리스크 또는 사회 리스크 레벨이며, 아래의 영역 Ⅲ이 이른바 넓게 수용 가능한 리스크(broadly acceptable risk)이다. 한편 상부의 Ⅰ은 수용 불가능한 리스크 영역이다. 영역 Ⅰ은 어떤 경우에도 리스크가 정당화되지 못하는 영역이지만, Ⅰ과 Ⅲ 사이는 리스크가 허용 가능한 영역(tolerable region)이며 이것을 ALARP 영역이라고 한다. 영역 Ⅱ의 상부(Ⅱa)는 더 이상의 리스크 저감이 불가능하거나, 리스크의 저감을 위한 비용이 너무 높아서 저감효과(이익)와 전혀 일치하지 않는 경우에 허용되는 범위이다.

한편, 영역 Ⅱ의 하부(Ⅱb)는 넓게 수용 가능한 영역까지 낮춰야 하지만, 리스크 저감비용 대비 개선효과가 작은 경우에만 허용되는 범위이다. ALARP 원칙은 현실적인 안전문제를 생각하면 지극히 유효한 지침이라고 할 수 있다.

그림 2.4에 제시된 프로세스를 조직(기업)에 적응시키는 조직경영 관리 시스템이 이른바 '위기관리 시스템(RMS)'이다. 위기관리 시스템에는 리스크에 관한 전략적인 계획과 정책, 의사결정에 관한 그림 2.4의 각 단계가 포함된다. 특히, 계획방침과 목표를 설정하고 그 목표를 달성하기 위한 시스템이기 때문에 조직의 '안전문화'나 '안전풍토'가 강하게 반영된다. 동시에 기본 프로세스·모델로서 Plan(목표 설정과 계획), Do(목표 달성을 위한 실시), Check(목표 달성도의 검증 및 평가), Act(시스템 리뷰, 시정 및 개선)라고 하는 P-D-C-A 사이클을 순환시켜 지속적으로 향상되도록 해야 한다. 그림 2.6은 매니지먼트 시스템(조직관리)의 P-D-C-A 사이클과 리스크 관리의 각 프로세스의 관계를 정리한 것이다.

조직관리 프로세스	리스크 매니지먼트(RM)
계획(P)	RM계획 책정 리스크의 식별 · 발견 · 분석 리스크의 평가 RM의 목표 설정 리스크 대응방법 결정
실시(D)	리스크에 대한 대응 실행
검증 · 평가(C)	실행결과 평가
시정(A)	시정 · 개선활동

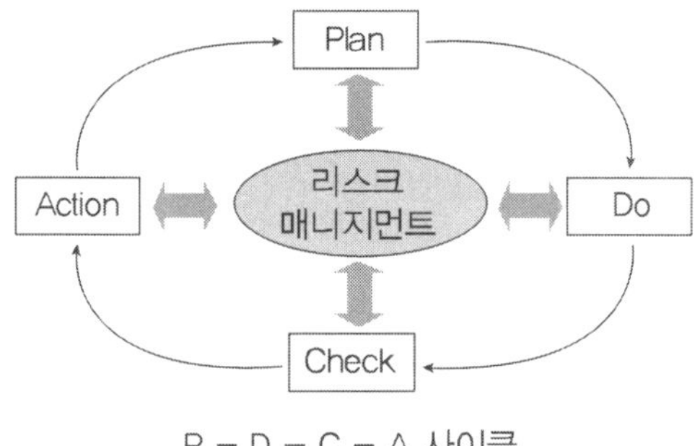

그림 2.6   조직 관리와 RM

일본에서는 ISO 가이드 73(리스크 관리 용어)을 기반으로 작성된 시스템 구축 가이드라인으로 자리매김한 JISZQ2001이 발행되었으며, 그 목차항목은 표 2.1에서 보는 바와 같다.

표 2.1 리스크 관리 시스템(RMS) 구축을 위한 지침

0 서문
1 적용범위
2 정의
3 RMS의 원칙 및 요소
  3.1 일반원칙
  3.2 RMS구축 및 유지를 위한 체제
  3.3 RMS방침 표명
  3.4 RMS에 관한 계획 수립
  3.5 RMS 실시
  3.6 RMS의 감시·측정 및 평가
  3.7 시정·개선 실시
  3.8 RMS 유지를 위한 대처방안
  3.9 조직 최고책임자의 리뷰(review)
부속서1 리스크 발견 사례
부속서2 ISO14001과 대비표
부속서3 사전, 긴급시 및 복구시

(2) 안전문화란?

위기관리 시스템의 운용에 있어서 그 조직이 갖고 있는 안전문화나 안전풍토가 매우 중요하다는 것은 앞에서 언급한바 있다. 그럼 안전문화(safety culture)란 무엇인가? 이는 원래 구소련에서 일어난 체르노빌 원자로 사고 등을 포함한 일련의 원자력발전 시스템에서 발생한 중대사고의 교훈으로부터 IAEA(International Atomic Energy Agency)가 제창한 개념이다.15) '안전문화'라는 개념은 기술 시스템과 관련된 사람들의 생명·건강·안전이 최우선시되어야 한다는 점에서 시작되었다.

조직의 안전문화를 정의하면 다음과 같다.

안전에 대해 조직 및 구성원이 나타내는 태도, 신념 및 특성
의 종합체로서 안전문제가 최우선이며 그 중요성을 조직 및 그
구성원이 제대로 인식하여 '스스로' 생각하고 작업하는 행동양
식의 체계

다시 말하면, 기업(조직)의 '경영진'과 '사원 개인'이 모두 높은 안전
의식을 갖고, 이것을 자주적인 행동으로 나타내는 것을 의미한다. 그
러기 위해서는 과거의 재해·사고 사례로부터 얻은 교훈을 신중하
고 겸허하게 배우는 자세와 노력이 필요하다.

이러한 안전문화를 양성하기 위한 요인으로서,

1) 조직의 경영진과 구성원의 안전활동 참여계획, 적극적인 참가
   및 안전활동 참가에 대한 평가와 인센티브가 명확한 형태로
   이루어질 것.

2) 조직 내에서 리스크 정보가 공유되어 그 투명성과 설명 책임
   이 명확할 것.

3) 잠재적 리스크의 발견, 리스크 평가나 리스크 대응 작업에 관
   한 조직적인 학습이 이루어지고 항상 리스크 인지와 감지능력
   이 제고되도록 할 것

등을 제시할 수 있다. 위와 같은 사항들이 사회와 공공(public)에 대
한 책임과 의무는 인식 아래 실행됨으로써 적정한 위기관리가 가능
하다.

2.6 안전과 안심 – 그 차이와 관계 –

(1) 객관적 리스크와 주관적 리스크

앞 절까지 논의해 온 바와 같이, 적어도 과학기술 시스템에 관한 '안전개념'에 대해서는 '리스크'를 이용하여 일정한 정의를 내릴 수 있다. 단적으로 말하면, '안전'이란, 리스크가 어느 허용 레벨 이하로 억제되어 있고 '리스크 관리'가 제대로 이루어지고 있는 상태를 말하며, 이것은 국제적으로도 의견이 일치되고 있다. 그러나 과학적인 안전기준에 이르렀어도 사회나 사람들의 안심감을 가졌다고 만은 볼 수 없다. 말하자면, 안전은 안심을 위한 필요조건이기는 하지만 충분조건은 아니다. 그렇다면 '안심'을 어떻게 생각하면 좋은가? 본 장의 마지막 절에서는 이것에 대해 언급하고자 한다.

'리스크'에 대응할만한 일본어가 없는 것과 마찬가지로, '안심'에 대응되는 영어표현은 찾기가 어렵다(안심을 security라고 번역하는 경우도 있지만, 적당하지 않다고 판단된다). 일본어 사전에는 안심이란 '걱정·불안이 없고 마음이 편한 것'이라고 되어 있다. 안전이 일종의 객관적(으로 보이는)이고 과학적인 기준에 근거하는 것이라면, 안심은 인간의 주관적·심리적 감각이나 정신적인 개념을 포함하는 것이다. 두 개념이 일치하지 않는 원인 중 한 가지는 이와 같은 차이점에 있다.

앞 절까지 안전에 관한 논의에서 사용되어 온 리스크 개념은 자연과학적, 혹은 공학기술적으로 정의된 '객관적 리스크(objective risk)'이다. 이는 말하자면 협의의 리스크이며, 여기에서 좀 더 범위를 확대시켜 인간이나 사회가 과학기술 사고나 자연재해를 어떻게 인식하고 리스크의 성질이나 정도를 어떻게 느끼고 받아들이는가에 따라 형성되는 이른바 리스크 인지(risk perception)에 따른 '주관적 리스크'16)를 생각해야 한다.주2) '객관적 리스크'와 '주관적 리스크'의

차이를 '인식의 차이(perception gep)' 또는 '인지 바이어스'라고 하지만
16), 시대의 사회구조나 문화 및 사회·사람들의 가치관에 크게 의
존하는 것으로 판단된다. 리스크 인지문제는 사회심리학적으로 큰
과제이지만, 안심은 이 인식의 차이를 어떻게 좁히고 인지 바이어
스를 어떻게 이해할 것인가에 달려 있다. 이렇게 함으로써 안심의
달성이나 안심감의 향상을 위해 안전과 안심 간의 간격을 두 종류
의 '리스크'라고 하는 단어와 개념을 이용해 연결하는 것이 가능하
다.

이것은 '문리 융합적' 작업 중 하나이지만, 이것이야말로 안전·
안심과학으로 가는 하나의 과정이라고 사료된다.

(2) 안전·안심의 준칙 – 하나의 제안 –

2.2절에서 기술 시스템의 리스크는 과학기술 발달의 왜곡이나 결
함, 혹은 과실로 인해 초래된다기보다, 우리가 의도하여 발달시킨
과학기술의 편리성을 사용하는 행위 자체에서 필연적으로 발생한다
고 생각하는 것이 보다 문제 해결에 가깝게 접근하는 것이라고 서
술하였다. 그렇다면 과학기술에 의해서 필연적으로 초래되는 '재해
리스크'를 우리나 사회가 어떻게 분배하고, 부담하며, 받아들일지를
검토하는 것이 안심을 생각하는 데 있어서 다음의 중요한 사항이
된다. 그래서 이러한 논의를 진행하는 데 있어 중요한 키워드로 '신
뢰(trust)'와 '공평(equity)'과 '공정(fairness)'을 채택하고자 한다.

"리스크를 어떻게 수용하는가, 혹은 '리스크의 허용성'을 어떻게
생각할 것인가"를 사회나 사람들 또는 이해관계자(이것을 스테이크 홀더
라고 한다)가 논의함에 있어서 '신뢰'가 중요한 역할을 하는 것은 분명
하다. 이를 토대로 리스크를 어떻게 공평·공정하게 분배·부담하
고, 어떻게 수용할지 결정하는 것이 중요하다. 실은 '분배적'인 공

평·공정함도 필요하지만, '리스크 수용'과 관련된 의사결정에 이르기까지의 절차·과정상의 공평·공정함이 특히 중요하다고 판단된다. 즉, 의사결정 과정에 참여하거나 '발언의 기회'를 보증하는 공정·공평함이 중요하다(이른바 시민참여형 리스크 커뮤니케이션이다). 이는 사람들(시민, public)이 리스크를 수용하기 위한 불가결한 요건이며, 이러한 것이 안심감을 향상시키는 것이다. 그렇다고 하면, 안전을 생각함에 있어 핵심 질문이었던 'How safe is safe enough?'에 대응하여, 안심(anshin)의 문제를 생각하는 문제 제기로서 'How fair is anshin enough? (어디까지 공정·공평하면 안심이라고 할 수 있을까?)'라는 핵심 질문을 제안하고자 한다. 이 장에서는 '안전·안심 과학'이라는 말처럼 안전과 안심을 세트로 묶은 용어를 사용하였다. 따라서, '안전·안심'을 한마디로 표현하는 개념을 만들어가는 데 있어서,

   (1) How safe is 'safe' enough?

   (2) How fair is 'anshin' enough?

이라는 이원적 준칙의 도입을 제안하고자 한다. 어쨌든 '안전·안심' 문제는 포스트 산업사회라고 하는 현대사회의 구조 및 특성 자체와 관계되는 문제인 것은 틀림없다. 제안한 한 쌍의 준칙이 논의의 시발점이 되기를 바란다.

안전·안심의 문제는 금세기에 우리가 직면한 커다란 과학적 과제이며 동시에 새로운 학문영역으로 개척해 나갈 필요가 있다. 그러기 위해서는 '리스크'라고 하는 하나의 원리도 있을 수 있다는 것을 2장에서 밝혔다.

리스크라는 말은, 고대 이탈리아어의 동사 'risicare'에서 유래하였다[18]고 한다. 이 동사는 영어의 'dare', 즉 '용기를 가지고 도전한다'는 의미이다. 이 책의 독자 여러분들이 용기를 갖고 이 과제에 도전하길 바란다.

주(注)

(1) 안전(S)과 리스크(R)의 관계가 식(4)처럼 수학적으로 성립된다고 주장하는 것은 아니다. 이는 상호 보완성을 표현한 것으로서, 예를 들면, 그 관계는 $S=1 / R$이라고 해도 괜찮을 것이다. 이 경우에도 대수 스케일로 생각하면 식(4)와 완전히 같은 의미로 이해할 수 있다.

(2) 리스크를 추측하기 위해서 사용되는 '확률'에 대해, 비록 베이즈 류의 이른바 '주관적 확률(subjective probability)'로 해석하더라도, 이는 객관적 리스크의 범주에 포함되는 것으로 생각해도 좋다.[17]

참고문헌

(1) 例えば、文部科学省'安全・安心な社会の構築に資する科学技術政策に関する懇談会'報告書, 2004.4

(2) Ulrich Beck著, 東廉・伊藤美登里訳: 「危険社会」, 法政大学出版会, 1998.10, 原題は "RisikogeseUschaft-Auf dem Weg in eine andre Moderne"である。

(3) 村上陽一郎: 「安全と安心の科学」, 集英社親書, 2005.1

(4) T. Aven: Foundation of Risk Analysis, John Wily & Sons LTD, 2003)

(5) 山口節郎: 「現代社会のゆらぎとリスク」, 新曜社, 2002

(6) 小松丈晃: 「リスク論のルーマン」, 勁草出版, 東京, 2003.7

(7) C. Perrow: Normal Accident, Basic Books, New York, 1984

(8) 詳しくは、E.ホルナゲル:変貌するリスク概念、関根和喜編著: 「技術者のための実践リスクマネジメント」, コロナ社, 2008.10(第1章を参照されたい)

(9) 中西準子: 「環境リスク論」, 岩波書店, 1995.10

(10) S. Kaplan andJ. Garrick: On the Quantitative Definition of Risks, Risk Analysis, Vol. 1, No. 1, pp.11-21, 1981

(11) 例えば, 井上威恭: 「IFTA 安全工学」, 日刊工業新聞社, 1979.4

(12) 熊本博光: 「モダン信頼性工学」, コロナ社, 2005.7

(13) 向殿政男: 「よくわかるリスクアセスメント」, 中災防親書、中央労働災害防止協会, 2003.10

(14) F. Bouder, D. Slavin andR. E. Lbfstedt:"The Tolerability of Risk", Earthscan, UK, 2007

(15) International Nuclear Safety Advisory Group:"Safety Culture", IAEA, 1979

(16) 深沢伸幸: 「リスク・パーセプションと人間行動」, 高文堂出版社, 2005.6

(17) N. D. Singpurwalla:"Reliability and Risk - A Bayesian Perspective-", John Willy & SonsLtd. USA, 2006

(18) PeterL. Bernstein著, 青山護訳: 「リスク-神々への反逆」, 日経ビジネス文庫、日本経済新聞社, 2001.8

제 3 장

물품제조에 있어서의 안전

3.1 물품제조의 안전기준

기계, 전기설비, 제품의 안전기준에 대해서는 과거의 경우 사고가 발생할 때마다 여러 가지 대책이나 지침을 만들어 각각의 안전성에 대한 규제를 해 왔다. 최근에는 사용자 보호가 강력히 요구됨에 따라 전기용품안전법이나 PL법 등에 기반한 전반적인 규제로 이행되었고, 기계 등의 안전성에 대한 인식도 이전과 달라지게 되었다. 기계부품에 관한 사고나 재해의 책임을 제조자·공급자에게 부여하여, 예견 가능한 오사용에 대해서도 제조·공급자의 과실 유무에 관계없이 책임을 묻게 되었다. 그 배경으로는 여러 가지가 복잡해져서 사용자의 이해를 넘어서는 것들이 많아졌기 때문이다. 이처럼, 이전의 안전의식으로는 한계가 있고 안전을 충분히 확보하기 어렵다는 인식에서 국제규격 ISO12100에 따라 근본적인 변경이 이루어졌다. 이에 기계·전기류 전반에 걸친 안전을 체계적으로 규정하고 다음과 같이 계층화하였다.(그림 3.1)

1. 타입 A : 기본적인 인식, 리스크 평가에 대한 인식
2. 타입 B : 안전 조치에 관한 그룹별 규격, 규제
3. 타입 C : 개별적 기계류에 대한 구체적 규격

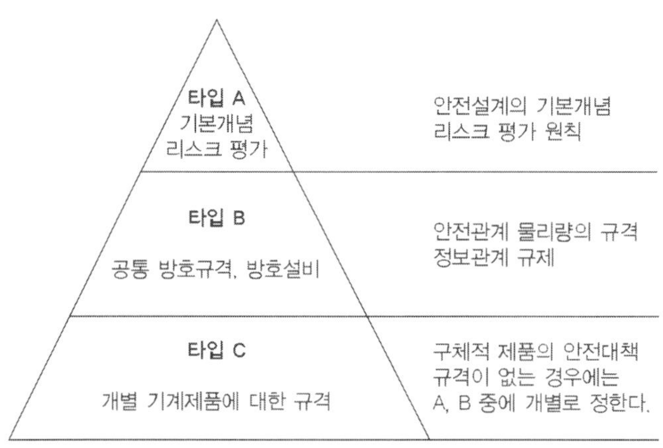

그림 3.1 ISO에 근거한 기계류의 안전규격 체계[1]

타입 A의 기본개념에서는 모든 기계·설비류와 관계되는 안전설계의 기본적 개념 및 리스크 평가(Risk Assessment) 원칙을 규정하고 있다. 표 3.1에 제시한 바와 같이 위험원을 식별하고, 리스크 평가에 따라 위험한 장소, 상황, 정도가 판정된다. 그 결과 리스크가 높은 것에 대해서는 위험원을 없애든가 아니면 사람이 접촉하지 않게 한다. 그 외의 경우, 위험요소에 가까워지더라도 위험이 미치지 않도록 조치를 취하며 작은 리스크에 관해서는 주의를 촉구한다. 여기서는 이와 같은 단계적 대응을 제시하고 있다.

타입 B에서는 타입 A에서 필요로 하는 안전조치 및 안전대책에 공통되는 방호규격을 규정하고 있다. 구체적인 방호조치는 타입 B에 근거하여 시행되어야 한다. 타입 C에서는 개별적 기계 등 지금

까지 정해져온 안전조치의 구체적 규격을 제시하고 있다. 최소한 이 규격은 지킬 필요가 있지만, 그 외 타입 C에 규격이 없을 경우라 할지라도 타입 A와 B에 근거하여 위험에 대한 대책을 실시할 필요가 있다.

위와 같은 기존의 '제품의 신뢰성을 확보하는 설계'라는 인식만으로는 불충분하기 때문에, 리스크 평가에 근거한 안전성의 유지가 요구되는 것이다.

또한 ISO12100에서는 안전성에 대해 사용자가 제품을 사용할 때뿐만 아니라, 제품의 제조부터 폐기처분에 이르는 라이프 사이클 전체에 걸쳐 유지할 것을 규정하고 있다.

표 3.1 리스크 측면에서의 위험원 식별순서[1]

순 서	내 용
1	다양한 기계 사용 상황을 고려한다.
2	사용 상황에 관해서 위험원을 식별한다.
3	위험원에 대해 리스크 견적을 낸다.
4	리스크별 평가를 시행한다.

3.2 안전설계에 대한 인식

기계제품의 안전에 관해, 과거에는 목적에 따른 사용에 있어 고장이나 사고가 발생하지 않는다는 것을 전제로 하였다. 즉, 제품이 고장나지 않는다는 것을 전제로 한 신뢰성에 기반하여 안전 확보에 중점을 두어 왔다. 설계에 있어서는 안전율을 높여 매우 높은 확률에서 정상적으로 작동하는 것을 목표로 한 신뢰성 기반 설계가 추진되어 왔다.

그러나 최근에는 기능이 다양하고 복잡한 시스템으로 이루어진 제품의 경우, 사용법을 제한하는 것이 어려워지고 있다. 사용자는 자신이 최적이라고 생각하는 방법, 목적으로 제품을 사용하는 이른 바 국소최적화(局所最適化) 경향이 있다. 그 때문에 설계자가 당초 예상하지 못했던 방법, 즉 오사용이나 자기 나름의 사용법과 같이 사용자에 따라 사용법이 바뀌는 상황이 발생한다. 설계자의 입장에서 보면 재해의 대부분이 불안전한 상황에서 사용자가 의도하지 않은 행동을 함으로써 발생하기 때문에 더욱 넓은 관점에서 안전성을 확보할 필요가 있다. 즉, 정상적으로 동작할 때를 기본으로 한 신뢰성이 깔린 설계뿐 아니라, 보다 폭넓게 사용할 때에도 위험을 피할 수 있는 안전한 기계(본질적 안전기계)가 필요해진 것이다. 기계의 안전설계는 그림 3.1의 타입 A를 근거로 한 것이며, 이러한 설계를 리스크 베이스 설계라고 한다.

리스크 베이스 설계를 할 경우에 기계로 인한 고장이나 재해가 발생할 가능성의 원인을 표 3.2에서 보여주는 네 개의 관점에서 검토해야 한다.

표 3.2 고장·재해의 원인 분류[2]

---

1. 기계 자체의 문제로 인한 것

2. 사용 상황, 방법으로 인한 것

3. 오사용 등 사용자의 실수로 인한 것

4. 시스템의 전체적 안전관리 불충분으로 인한 것

이 중 1, 2에 관해서는 기계의 신뢰성을 높임으로써 피할 수 있지만, 3, 4에 관해서는 기계 신뢰성만 높인다고 해서 피할 수 있는 재해가 아니다. 예를 들면, 2005년 전기포트 사고의 경우, 전기포트의 신뢰성이 낮았고, 연소가스의 배기팬이 정지하여 전기포트가 작동하지 않는 고장이 일어났다. 수리 담당자는 전기포트가 정지하지 않도록 안전장치를 시스템에서 떼어내 배기팬이 정지한 상태에서 전기포트가 작동하도록 개조하였다. 그 때문에 일산화탄소가 방에 가득 차 중독으로 사망자가 발생한 것이다. 이 사고의 시사점은 전기포트의 고장을 줄여서 신뢰성을 높일 필요가 있었지만 수리 담당자가 안전장치를 떼어내지 않도록 교육을 했어야 했다. 더불어 대응 시스템을 구축함으로써, 고장이 발생해도 재해로 진행되지 않도록 상황을 만들 필요가 있었다.

기계를 사용할 때 예견되는 오사용에 대해서는 표 3.3의 사항들을 검토해야 한다.

표 3.3 오작업의 검토사항[2)]

---

1. 주의, 합리적으로 예견할 수 있는 오사용

2. 국소최적화로 인해 생기는 오사용

3. 사회적 약자에 대해 예견할 수 있는 오사용

일반적으로 안전성을 높이면 비용이 증가하는데, 안전성과 경제성의 트레이드 오프(trade-off) 관계에서 양자의 균형을 고려하는 것이 중요하다(그림 3.2). 단지 기계만을 생각하는 것이 아니라, 기계를 둘러싼 시스템 전체적으로 안전을 파악하거나 재해가 발생했을 때 사회적 영향을 고려하면 경제성에 대한 평가는 더 복잡해지기 때문

에, 반드시 트레이드 오프가 성립하지는 않을 수도 있다.(그림 3.3)

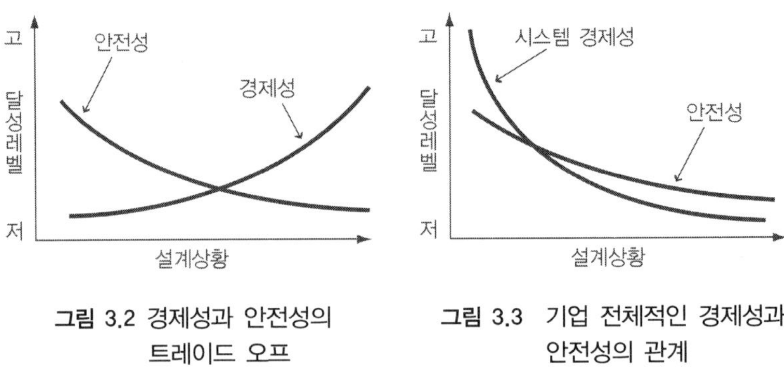

그림 3.2 경제성과 안전성의 **그림 3.3** 기업 전체적인 경제성과
트레이드 오프 안전성의 관계

롯폰기힐즈의 회전문 사고는 회전문을 완전히 떼어내 다른 형식의 문으로 바꾸는 결과를 가져왔으며, 미츠비시 자동차의 타이어 허브 파손 사고는 기업의 존망으로까지 이어졌다. 이와 같이 안전성의 결여는 기업활동에 매우 큰 영향을 미치게 된다.[3]~[6]

3.3 본질적 안전설계

기계의 안전을 유지하기 위해서는 본질적 안전을 목표로 해야 한다. 기계설계, 효율설계 후에 안전설계를 추가하는 것은 실현이 어렵고 또 효율적이지도 않다. 최근에는 설계 초기단계부터 안전을 고려하면서 설계하는 방식이 추진되고 있다.

(1) 본질적 안전의 설정

리스크 베이스 설계에 있어서는 표 3.1에 나타난 순서대로 위험원을 식별하는 것이 기본이다. 이에 근거하여 다음 순서에 의해 위

험이 미치지 않도록 할 필요가 있다.[1)

1. 위험원으로부터 사용자를 시간적 또는 공간적으로 분리한다.
2. 위험이 존재하는 동안은 위험원에 들어가지 못하게 한다.

1을 확보하기 위해서는 안전거리나 제동거리를 설정해 기계가 작동하고 있는 영역에 사람이 못 들어가게 하는 공간적 분리나, 센서가 사람의 침입을 감지하여 기계의 작동을 멈추게 하는 등 시간적 분리를 하는 것이다. 이 경우에는 위험의 정도와 위험에 대한 접근 빈도를 고려하여야 한다. 상정된 모든 리스크를 1, 2로 회피하기 어려운 경우, 위험원에 들어가지 못하게 하는 등 안전거리를 재설정하거나 리스크의 분산까지 고려하여 재설계할 필요도 있다.

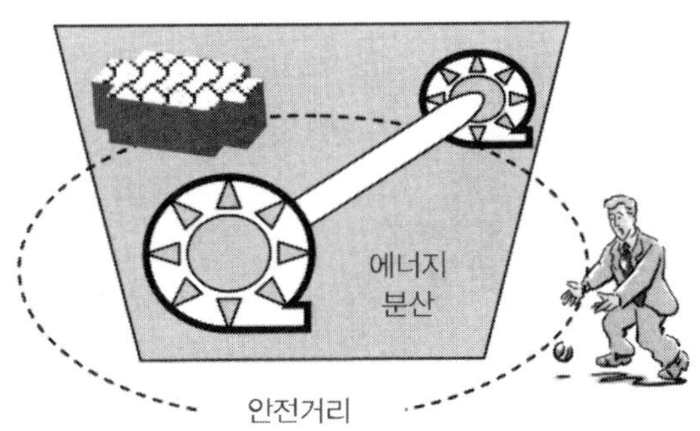

그림 3.4 리스크 회피와 확산

위험원의 에너지를 분산시키고, 각 기계의 에너지를 축소시켜서 사고가 발생하더라도, 큰 재해가 되지 않도록 하는 것이다(그림 3.4). 또한 위험원 근처에서 작업하는 경우에는 위험원에 커버를 씌우는 등 위험원과 사람이 접촉하지 않도록 할 필요가 있다.

또한 안전 시스템의 측면에서 보면, 기계를 제어하지 못하게 된 경우에도 사고로 진전되지 않는 fail-safe 기능을 갖춘 시스템이 필요하다. 이는 기계를 안전하게 설계하는 데 있어서 고장이 날 경우 위험에 빠지지 않게 하는 중요한 개념이다.

(2) 안전검출 시스템의 설계

기계의 위험을 감지하는 센서 시스템을 설치할 경우에는 위험검출 시스템과 안전검출 시스템의 두 가지 개념이 있다. 위험검출 시스템은 고장시 작동이 불확실해진다. 센서가 고장 나면 위험이 검출되지 않고 시스템이 안전하다고 오인하여 고장에도 불구하고 기계가 계속 작동함으로써, 제어가 안 되어 재해가 발생할 가능성이 있다.(그림 3.5)

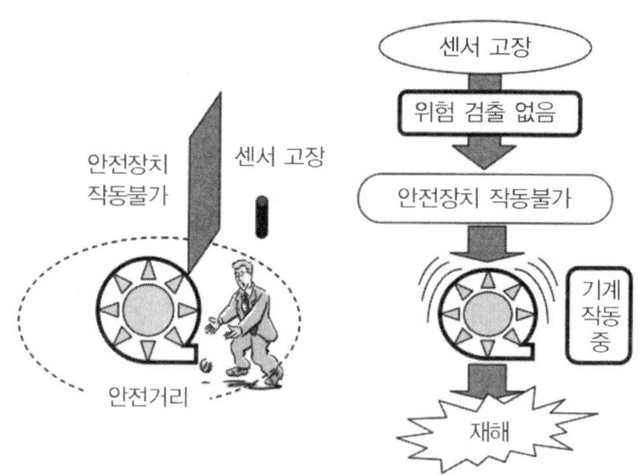

그림 3.5 위험검출 시스템

반대로, 안전검출 시스템에서는 안전하다는 신호가 검출되지 않으면 위험하다고 판단하여 기계의 작동을 정지시키기 때문에, 센서가 고장 날 경우에는 기계가 정지하여 안전이 유지된다(그림 3.6). 또한 안전하지 않은 상황이 검출되었을 때, 안전을 유지하도록 작동시키는 시스템에서는 검출부터 작동까지 몇 단계의 기능을 통해야 하고, 또 시간 지연이 있음을 충분히 감안하여 기능을 설정할 필요가 있다.[1]

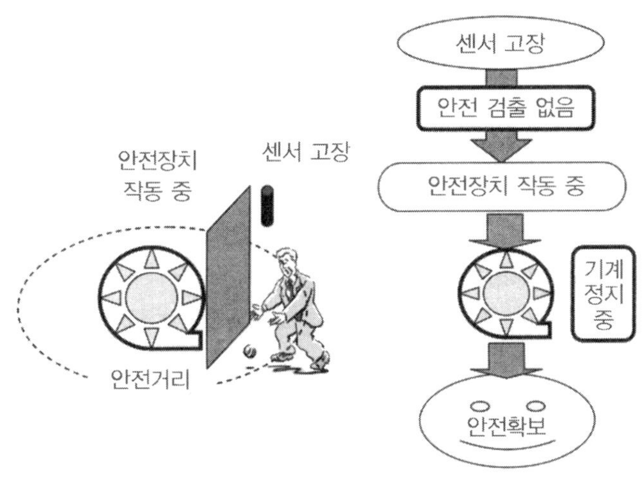

그림 3.6   안전검출 시스템

(3) 안전의식의 확인 설정

다양한 조치를 취하고, 제거되어야 할 리스크가 없어진 후, 남아 있는 리스크에 대해서는 매뉴얼이나 게시 등으로 사용자에게 주의를 촉구할 필요가 있다. 이 때, 인간공학적 관점에서 잘못 인식하지 않도록 표시하는 것이 매우 중요하다.

3.4 위험회피와 안전 프로그램

기계 등 제품의 안전을 확보하기 위해서는 안전설계를 한 기계를 만드는 것만으로는 불충분하다. 기계가 운전되는 상황에서도 안전을 확보하고, 고장 등이 일어났을 때의 조치까지 종합적인 안전 프로그램이 중요하다. 이를 위해 다음과 같은 프로그램을 고려해야 한다.[1,7,8]

0. 기계의 작동환경까지 포함하여 다음의 1에서 4를 체계적, 포괄적으로 법칙에 준거하여 프로그램을 구성한다.
1. 표 3.1에 제시한 리스크 인지·평가를 실시해 목록을 작성한다.
2. 리스크에 대해서 사전의 안전확보 및 예방을 검토하고 명확히 한다.
3. 고장, 사고가 발생했을 경우 안전확보 조사 수단을 명확히 한다.
4. 상기 1부터 3을 지원하는 교육 프로그램을 작성한다.

1, 2는 기계설계 단계에서 고려되는 사항이지만, 3, 4는 사용자 입장에서의 절차를 포함해 종합적으로 검토하여야 한다. 이 프로그램 작성시에는 하드 측면과 소프트 측면의 양면을 검토할 필요가 있다. 하드 측면은 기계, 장치, 설비, 시설 등에 대한 설계적 조치이며, 소프트 측면은 윤리, 관행, 매뉴얼, 제도, 정책적인 대책을 시행하는 것이다.

(1) 사고와 인적 요인

주변에 있는 기계를 사용하면서 생기는 사고나 재해는 예전부터 발생해 왔다. 그러나 그 원인이 되는 주요 요인은 그림 3.7과 같이 시대와 함께 변화하고 있다. 기계의 발달 초기단계에서는 과학적으로 불분명한 점이 많아 기계의 결함이나 설계 실수 등 기계 자체의 하드웨어 측면의 결함이 사고나 재해원인의 다수를 차지했다.

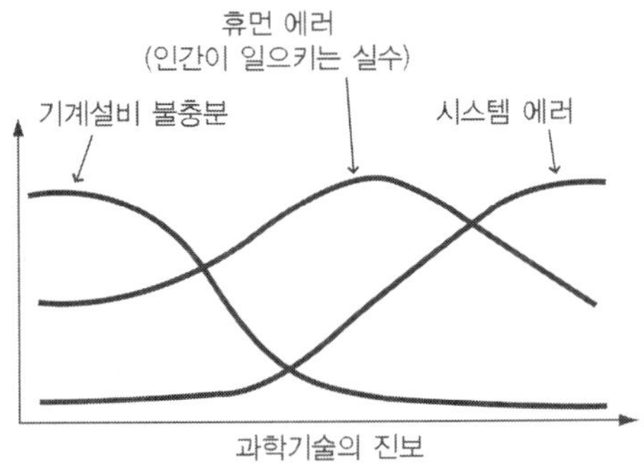

그림 3.7 사고 · 재해의 원인 변화

그러나 과학기술의 진전에 따라 기계의 신뢰성이 높아지면서 기계를 조작하는 사람의 문제가 발생하고 있다. 기계는 정해진 대로 실행하도록 만들어졌지만, 사람의 행동에는 기복이 있어 그때 그때의 정신상태에 따라 행동이 달라진다. 무심코 저지른 실수나 착각 등 이른바 휴먼 에러를 개인의 책임으로 끝내버리는 것은 안전의 관점에서 잘못된 것이다. 기계가 발전 · 복잡해짐에 따라 사람의 조작은 어려워지게 되었다. 어떠한 환경에서 그러한 실수를 하게 되는지 시스템 전체에서 사람의 역할을 생각할 필요가 있다.[2]

사람이 실수를 하는 주된 원인은 그림 3.8에서 보듯이 개인적 요인과 시스템적 요인으로 나누어진다. 개인적 요인은 지식, 경험 결여, 일에 대한 자만으로 인한 과신이나 무책임, 신중함 결여 등이다. 오랫동안 기계를 제작해 경험이 풍부한 숙련공에 비해 선배들이 확립해놓은 기술을 사용해 기계를 설계하는 신참 기술자에게 동등한 개인적 소양을 요구할 수는 없다. 현재의 시스템에서는 이와 같은 상황을 개인의 문제로 취급할 수만은 없게 되었다. 지금까지 실패의 경험을 축적하지 않은 기술자가 내용의 중요성 등을 이해하는 것은 대단히 어렵다. 한편, 시스템적 요인으로는 작업환경이 나쁘다거나 복잡한 것 등을 들 수 있지만, 지금까지는 기계의 하드 측면만 다루어 온 기술자가 커버해 왔다. 이러한 요인이 발단이 되어, 상황을 충분히 파악할 수 없는 채로 담당자가 실수하거나 멋대로 최적이라고 판단하여 행동하는 경우가 생기기도 한다. 지금까지는 사람이 기계에 맞추었지만 기계를 사람에게 맞추도록 설계하지 않으면 휴먼 에러 때문에 중대한 사고를 초래한다. 따라서 기계를 인간의 행동관점에서 종합적으로 생각할 필요가 있다.

<table>
<tr><td>

(1) 개인적 요인
지식 · 경험의 부족,
일에 대한 과신, 자만
무책임함, 신중함의 부족

</td><td>

(2) 시스템적 요인
작업환경의 악화
작업의 복잡성
작업 레이아웃의 열악성

</td></tr>
</table>

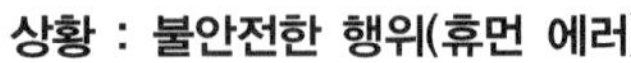

상황 : 불안전한 행위(휴먼 에러)
1. 상황 파악이 잘 안됨
2. 생각 · 판단이 갈팡질팡함
3. 몸 상태 · 심리 상태가 좋지 못함

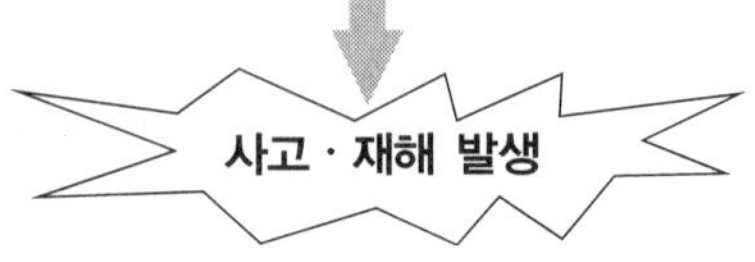

그림 3.8 휴먼 에러의 발생 상황

하드 측면에서 기계의 안전성을 고려하는 것에 그치지 말고, 반드시 소프트 측면인 교육이나 매뉴얼 등을 정비해야 한다. 이는 기술자 개인이 대응할 것이 아니라 시스템적으로 대응해야 하는 것이다.

안전을 소프트 측면으로 추진해 나가기 위해서는 실천성이 중요하다. 구체적인 문제에 대해 어떠한 안전이 고려될 수 있는지 경험을 축적하는 것이 필요하다. 단, 현재의 과학기술 축적으로 만들어진 기계를 활용하려면 지극히 많은 안전기술이 쌓여야 하며, 유효한 지식을 체계적으로 이론화하는 것이 불가피하다. 사람은 행위에 익숙해지면 안전의식이 희미해진다. 사고나 재해는 빈번히 일어나는 것이 아니라 드물게 발생하기 때문에 좀처럼 사람의 행동기준이 되기 어렵다. 한편, 시간이 흐름에 따라 기계의 경년 변화 및 인식 변화가 발생한다. 그러한 가운데 사람은 최적의 행동을 하려고 노력한다. 자신에게 주어진 범위와 다양한 조건 아래에서 가장 적합하다고 믿는 방법으로 행동한다. 그 때 충분한 이해가 없으면 안전에 대한 고려가 결핍된 행동으로 이어져 사고나 재해의 발생을 초래한다. 이와 같은 사고나 재해는 즉시 일어나지 않기 때문에 인과관계를 명확히 밝히기 어렵다. 위에서 말한 바와 같이 인간의 안전 행동 체계화나 이론화에 근거하여 안전을 지속하기 위한 노력이 필요하다는 것을 인식해야 한다. 교육을 통해 지금까지의 사고원인이나 영향, 대책 등을 정리하여 향후 사고발생의 원인이 될 가능성을 인식하는 것과 미지의 영역에서 발생할 수 있는 사고를 미리 파악하는 것 등이 중요하다. 그 경우, 단순히 소개 정도로 그치는 것이 아니라, 사고의 발생 메커니즘이나 충격의 강도, 에너지의 발산 등을 구체적이고 실천적으로 평가하는 것이 중요하다.[5][6]

(2) 사고 · 재해와 시스템 에러[2)8)]

사고의 원인을 규명하여 예방하는 것이 중요하지만, 3.3절에서 보듯이 복잡해진 시스템의 기계 등에서는 사고를 완전히 방지하기가 어렵다. 이 경우, 사고의 원인부터 사고나 재해에 이르는 과정을 명확히 밝혀서 그것을 억제하는 것이 효과적이다.

기계의 사고 발생은 대상이 되는 기능이 정상적으로 작동하지 않을 때 일어난다. 이 기능을 개선하든가 혹은 기능으로부터 사고로 발전하는 것을 방지할 필요가 있다. 즉, 사고에 도달하는 과정을 파악하여 사고의 원인이 되는 기능을 찾아 그것을 개선한다. 또는 대상이 되는 기능으로부터 사고로 이어질 가능성을 평가한다. 한편 기능이란, 다른 기능이나 사람, 환경 등 조건의 작용을 받기 때문에 기능이 복잡해질수록 작용을 제어하기가 어려워진다(그림 3.9). 이러한 점에 입각하여 사고의 가능성을 해석하고 방지하는 방법을 프로그램에 반영시키는 것이 중요하다. 즉, 사고해석기법으로서 다음의 두 가지 방법이 효과적이다.

① event chain model(ECM)
② systemic event model(SEM)

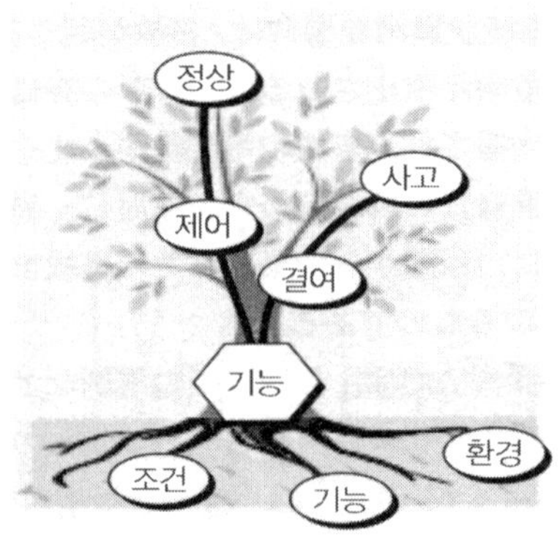

그림 3.9 사고와 기능 시스템의 체계[2)]

① event chain model

인과관계가 명확할 때에는 이 모델로 해석하는 것이 적합하다. 원인과 결과의 관계가 명확할 경우 양자의 관계를 순차적으로 찾아가는 것이다. 그 중에 원인에서 결과로 나아가는 Forward Sequence 해석법과 결과에서 원인을 파악해 나가는 Backward Sequence 해석법이 있다.

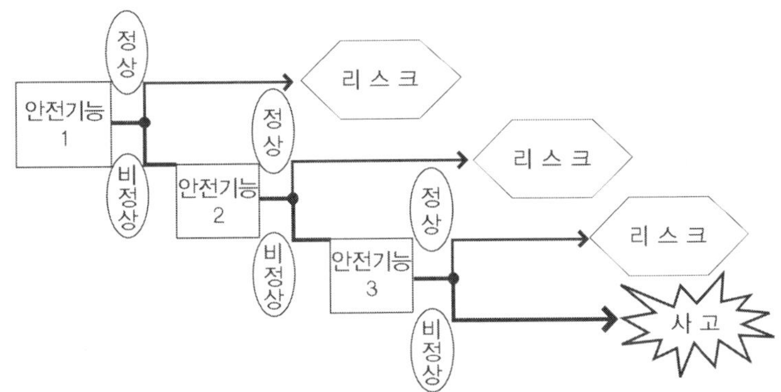

그림 3.10   이벤트 트리 방식을 이용한 평가

Forward Sequence 해석법은 예상되는 사고 원인에서부터 순차적으로 발생할 수 있는 현상의 연결고리를 사고까지 진행시키는 것으로써 event tree analysis(ETA)라고도 불린다. 그림 3.10과 같은 시계열적 평가에 이벤트 트리(event tree)를 적용하는 것이 효과적이다. 대상기능이 정상적으로 움직이는지 판단하여, 정상일 때에는 사고 발생의 리스크가 작아지고 기능에 이상이 있을 때에는 사고가 일어날 가능성이 커지게 된다. 이상시에는 안전기능으로 위험이 방지될 수 있을지에 대한 평가가 이루어진다. 정상적으로 기능하는 경우에는 위험을 피할 수 있고 사고의 가능성이 작아지지만, 이상이 있을 경우에는 또

다른 기능을 수행한다. 이것을 마지막까지 검토하고, 최종적으로 사고 발생의 유무를 평가한다. 이와 같이 원인부터 결과로서의 사고까지 연속해서 관련을 지어가며 1 대 1로 대응을 시키는 것이다.

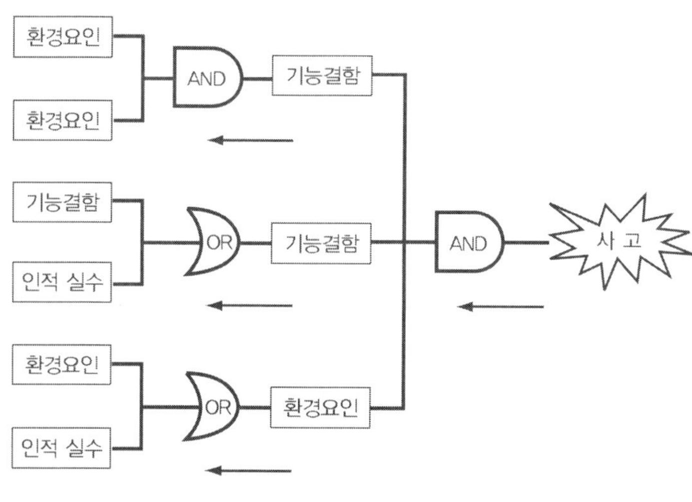

그림 3.11   폴트 트리 방식을 이용한 평가

Backward Sequence 해석법은 지금까지의 사례 등에 입각하여 기계로부터 예상되는 사고에서 출발하여 그 원인을 거슬러 가는 방법으로, fault tree analysis(FTA)라고도 부른다. 그림 3.11과 같은 폴트 트리 (fault tree)를 적용하는 것이 효과적이다. 발생이 예상되는 사고로부터 그 원인이 되는 기능이나 환경의 리스트를 작성하는 것이다. 이 해석법에서는 잠재적으로 존재하는 사고원인이나, 원인과 결과라고 하는 복합적 원인 아니면 환경 조건적 원인을 생각할 수 있다. 여기에서는 매니지먼트의 실패나 설계상 평가실수나 결함, 보수의 실패, 시스템의 하드웨어 측면을 포함한 기능 저하 등을 다룬다. 이러한 것들로 인해 약화된 시스템이 무언가의 요인에 의해서 사고를 일으킨다고 고려할 수 있다(그림 3.12). 문제점을 검출하여, 리스크가 커지지 않도록 환경이나 기능을 설정하는 것이다. 이렇게 함으로써 기능뿐만이 아니라 여러 가지 원인의 영향을 검토할 수 있다. 시간이 경과함에 따라 시스템에 대한 환경이 변화하는 상황에 대응할 수 있도록 항상 피드백을 염두에 두고 안전 시스템을 수정할 수 있게 하여야 한다.

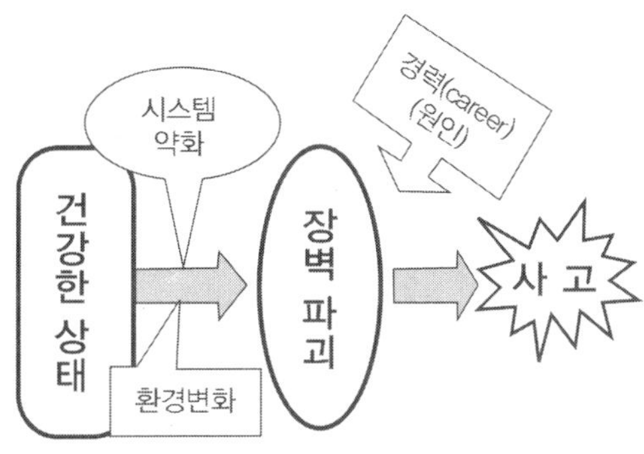

그림 3.12 FTA로 인한 시스템의 기능 저하와 사고 발생의 관계

이 event chain model에서는 ETA나 FTA의 경우 모두 원인, 결과와 사고 사이의 간격을 체인과 같은 하나의 연결고리로 생각하고 있기 때문에 복잡한 시스템의 경우에는 다양한 관점에서 사고 가능성을 평가하기에 적합하지 않다. 원인이 복수인 복합계 시스템의 경우에는 한계가 있지만 비교적 간단한 시스템에서 기능 자체를 평가할 경우 원인을 해석하기에는 적합하다.

② Systemic event model

시스템을 구성하는 각각의 기능조건이나 조건 간의 관련성 등 복잡성을 근거로 해석하는 방법이다. 원인과 사고의 관계를 명확히 하는 것이 아니라, 각 기능의 정상적 동작과 비교하여 변화가 발생했을 때에 관련 있는 다른 기능의 영향을 조사하는 것이다. ①의 event chain model과 같이 1 대 1의 관계를 평가할 뿐만 아니라, 무언가의 원인 때문에 정상적 상황에서 벗어났을 경우 그 외의 여러 기능에 작용하는 영향을 조사한다. 그 결과가 또 원인이 되어 작용을 미치는 등, 제어할 수 없게 되어 사고 발생에 이르는 경우도 생각할 수 있다. 이 경우는 그림 3.13에서 보듯이 각각의 기능이나 환경, 인적 작용이 한 방향으로 영향을 미치는 것이 아니라 상호간에 복수의 영향을 주는 것이다. 따라서 규모가 크고 복잡한 시스템 계통에서도 평가할 수 있다. 보통은 과거의 경험을 근거로 주요한 원인에 대해 상호관계를 조사하는 경우가 많다. 이 경우에는 상호작용에 의한 시스템의 불완전성을 평가해 대책을 세운 것이기 때문에 피드백으로만은 제어할 수 없게 될 함정을 만들 위험성이 있다. 따라서, 안전을 유지하기 위한 제어계에서는 본래 기능에다 안전성을 가진 기능을 설정해 각각의 기능에 영향을 미칠 경로를 차단하거나 감쇄 제어 등을 실시한다. 또한 시스템에 여유를 주는 것이 중요하다.[9]

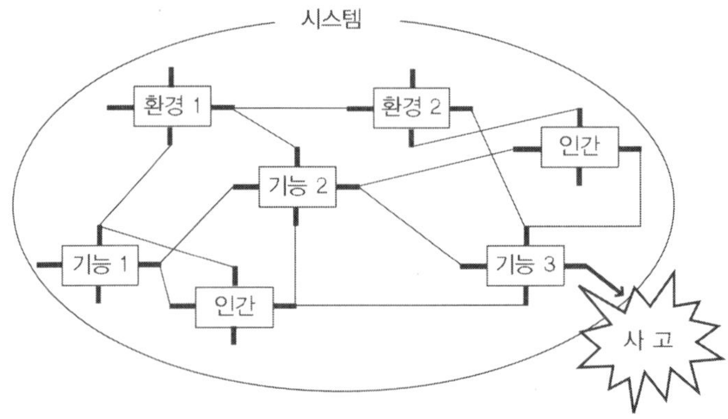

그림 3.13 systemic event model을 이용한 평가

　이상의 해석 모델에 있어서는 어느 것 하나만을 고려하는 것이 아니라, 조합하여 안전한 시스템을 구축하는 것이 중요하다. Event chain model 중 ETA는 원인과 결과의 관계가 명확하게 나오는 것에 대해서 원인을 봉쇄할 수 있다. 원인이 명확하지 않은 것에 대해서는 FTA를 실시함으로써 일어날 수 있는 사고에서 잠재적인 위험성을 모색하고 예방하는 수단을 강구할 수 있다. 또한 결과도 명확하게 평가하는 것이 어렵고 원인이 다방면에 걸쳐 있는 복잡한 시스템의 경우에는 각 기능 간 상호작용에 의해 제어 불능을 일으킬 요소를 리스트로 정리한다. 기능마다 비정상적 작동을 설정한다든가 질적·양적으로 변화를 주어 다른 기능에 대한 영향을 평가하거나 검토하여 문제점을 개선하거나 차단할 수 있다. 또, 여유를 주는 방법 등, 제어 시스템 전체적인 평가와 대책을 강구하는 것이 중요하다.

(3) 안전기능의 설정

　앞에서 사고의 원인이 되는 기능이나 기능 간의 연결작용을 식별할 수 있게 되었다면, 여기서는 사고가 발생했을 때 리스크를 낮추는 수단을 강구한다. 안전성이 약하거나 기능에 문제가 있을 경우에는 기능을 개량한다거나 또는 문제의 기능에서 다음 기능으로 연결하기 위해 게이트를 설치하는 등의 방법을 강구한다. 또한 복수의 기능에 문제가 있거나 환경, 사람의 실수 등 영향이 미칠 가능성이 있는 경우에는 그것이 작용하는 기능의 입구에 게이트를 설치하는 등의 조치를 생각할 수 있다.

　안전기능을 생각하는 경우는 위에서 설명한 바와 같이 결함이 일어나지 않게 방지하기 위한 수단과 일어났을 경우에 그 영향이 사고까지 미치지 않게 하는 수단을 생각할 수 있다. 이에 대한 대책으로는 하드 측면(물리적)의 수단과 소프트 측면(기능, 표시, 규칙)의 수단이 있다. 오늘과 같이 기계 대부분에 컴퓨터가 들어가 기능이 프로그램화되어 있는 경우에는 소프트 측면의 수단도 큰 성과를 얻을 수 있다. 단, 최종적으로는 물리적인 수단을 통하여 정전 등으로 시스템을 제어할 수 없게 되었을 때 본질적인 안전의 이념에 입각하여 저에너지, 즉 안전한 상황으로 가는 시스템이 필요하다. 일반적으로 하드적인 것은 비용이 들지만 환경이나 사람의 영향을 받기 어려운 반면, 소프트적인 측면으로 갈수록 비용은 감소하지만 주위의 영향을 받기 쉬워진다.

이러한 안전 시스템에 대해서는 시스템의 작용을 다음의 관점으로 평가하고 기능이나 연결에 있어서 안전을 강구할 필요가 있다. 영향을 미칠 시간을 바꿀 수 있는지, 영향의 범위(거리)를 억제할 수 있는지, 방향(악영향이 아닌 방향)을 제어할 수 있는지, 크기를 제어할 수 있는지, 영향의 순서를 변경할 수 있는지, 영향의 질을 바꿀 수 있는지 등을 검토한다.

(4) 안전 시스템의 유지

사고는 예외적인 특수상태에서 일어날 뿐만 아니라, 일반적 환경이 변화함에 따라 초기의 시스템이 기능을 다하지 못해 발생하는 경우도 종종 볼 수 있다. 이는 기계와 사람 사이의 복잡한 기능의 결합 안에서 일어나는 것이다. 사람이 스스로가 가장 적합하다고 생각하는 방법으로 작업을 시도하면서 시스템 제어가 상실되어 사고로 발전한다. 이는 사람이 시스템 전체의 구성을 이해하지 못하고 메뉴얼에만 의지해 시스템을 제어할 경우에 발생 가능성이 높아진다.

3.5 앞으로의 안전한 시스템 설계를 위하여

기계들은 앞으로 시스템이 점점 복잡해짐과 동시에 하드 측면과 더불어 소프트 측면의 역할이 매우 중요하게 되었다. 더 나아가 기계가 사회 시스템에 포함됨으로써 자유롭게 제어할 수 있는 상황만은 아니다. 따라서 시스템의 규모가 커질수록 복잡한 계통에서의 상호작용을 고려한 시스템 평가를 통해 다양한 대책을 사전에 강구할 필요가 있다.

더구나, 지금까지와 같은 목적에 적합한 기능설계에 근거하여 안전을 평가하는 시스템에서는 안전대책 때문에 더욱 복잡해진다. 따라서 안전을 포함하는 사람이나 사회환경의 국소최적화 행동으로부터 본래의 방향을 찾아주고, 목적을 위한 기능을 변경하는 종합적 시스템으로 안전한 설계가 이루어지기를 기대하는 바이다.

참고문헌

(1) 掘田源治・野田尚志昭: Q&Aでわかるリスクベース設計のポイント、安全設計の手引き、日刊工業新聞社, 2006.

(2) エリック・ホルナゲル・小松原明哲監訳:ヒューマンファクターと事故防止、海文堂, 2006.

(3) 吉川弘之ほか: 学術会議叢書5多発する事故から何を学ぶか―安全神話からリスク思想へ―、日本学術協力財団, 2001.

(4) 武井勲:不祥事はなぜくりかえされるのか～日本人のためのリスク・マネジメント～、扶桑社, 2008.

(5) 各務真卿:失敗体験が教える設計不良とトラブルの心理的落とし穴、日刊工業新聞社, 2005

(6) 畑村洋太郎:失敗学事件簿 あの失敗から何を学ぶか、小学館, 2006.

(7) 小池通崇:安全確保の3原則―水平展開、リスクアセスメント、安全文化、ナカニシヤ出版, 2007.

(8) 関根和喜ほか:技術者のための実践リスクマネジメント、コロナ社, 2008.

(9) Nancy Leveson: A new accident model for engineering safer systems, Safty Science, Vol.42-4, pp237-270, 2004.

제 4 장

정보의 안전 · 안심

4.1 정보 시큐리티란?

'정보의 안전 · 안심'이라고 하면 무엇을 떠올릴 것인가? '이 정보는 확실한 것일까?', '거짓 정보는 아닐까'라는 것, 즉 정보의 진위를 떠올리는 사람도 있을지 모른다. 그러나 최근에는 매스컴에서 정보의 누설 사건 · 사고가 크게 다루어져서 정보의 누설이나 분실 등에 대한 안전성을 떠올리는 사람이 많은 듯하다. 여기서는 정보의 누설, 분실, 조작(改竄), 파괴 등에 대해 안전 · 안심 관점에서 기술하고자 한다.

그렇다면 정보의 안전 · 안심에 대한 보다 전문적인 정의는 어떻게 되어 있을까? 자주 사용되는 용어 '정보 시큐리티(Security)'라고 하는 단어이다. 일반적으로 정보 시큐리티는 비밀성(Confidentiality), 완전성(Integrity), 가용성(Availability)의 세 요소로 이루어졌으며 영어의 머리글자를 따서 종종 '정보의 CIA'라고도 한다. JIS(일본공업규격) Q 27011에서는 '정보 시큐리티'를 다음과 같이 정의하고 있다.

- **정보 시큐리티** : 정보의 비밀성, 완전성 및 가용성을 유지하는 것. 또한 진정성, 책임 추적성, 부인 방지 및 신뢰성과 같은 특성의 유지를 포함해도 좋음
- **비밀성** : 인가되지 않은 개인, 독립체(entity) 또는 프로세스에 대해서 정보를 사용 불가능 또는 비공개로 하는 특성
- **완전성** : 자산의 정확함 및 완전함을 보호하는 특성
- **가용성** : 인가된 독립체가 요구했을 때 액세스 및 사용이 가능한 특성

위의 정의만으로는 이해하기 어려울 수 있기 때문에 이를 간단하게 말하면 다음과 같다.

- **비밀성** : 정보가 새지 않는 것
- **완전성** : 정보가 변함없는 것(조작되지 않고 망가지지 않는 것)
- **가용성** : 정보를 볼 수 있고 사용할 수 있는 것

정보 시큐리티에 가용성을 포함하는 데 거부감을 느끼는 사람도 많을 수 있다. 비밀성 대책과 가용성 대책이 상반되기도 하는데, 비밀성을 중시한 나머지 가용성이 소홀해져서는 안 되고, 또한 Dos 공격(어떤 사이트에 액세스를 집중시켜 그 사이트에 액세스하기 힘들게 해 버리는 것) 등으로부터 지켜야 하기 때문에 정보 시큐리티의 분야에서는 가용성도 포함시키고 있다.

위의 사항들 외에 예를 들면, 진정성(확실히 본인이 쓴 것이라는 사실, 즉 서명)도 정보 시큐리티에 포함시켜야 한다는 의견도 있어 정보 시큐리티의 범위에 대해서는 해석이 확정되지 못한 부분도 있다. 또한 '정보 시큐리티에 포함시켜야 할 것인가 아닌가'와는 별도로 개인정보보호법에는 '개인정보의 정확성'이 요구되고 있음을 덧붙여 둔다.

이 장에서는 비밀성에 역점을 두지만, 필요에 따라 완전성, 가용성에 대해서도 기술하고자 한다.

4.2 정보 시큐리티 관련 사건·사고

그림 4.1은 신문에 보도된 정보 시큐리티 관련 기사의 연도별 건수의 추이를 보여주고 있다. 이는 신문기사 데이터베이스 서비스 회사인 일렉트로닉 라이브러리(Electronic Library)사가 조사한 것으로, 사건·사고뿐 아니라 정보 시큐리티 제품, 정보 시큐리티 대책, 혹은 정보 시큐리티의 인증제도 등 정보 시큐리티에 관련된 모든 기사의 건수를 말한다. 이를 통하여 최근 몇 년 동안 정보 누설에 대한 관심이 급속히 고조된 것을 알 수 있다.

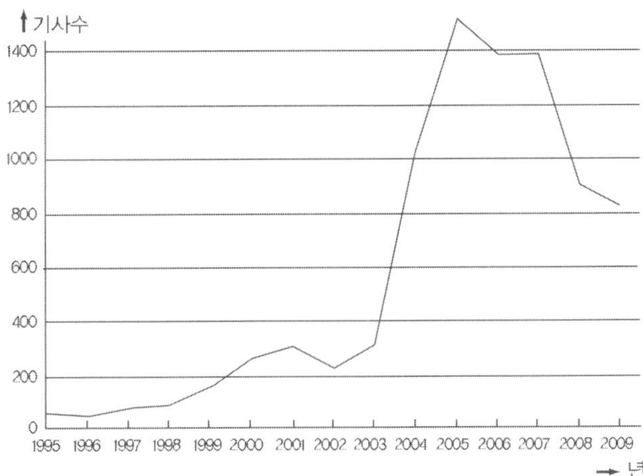

주) 일렉트로닉 라이브러리사 조사

대상지 : 아사히(朝日) 신문, 요미우리(読売) 신문, 마이니치(毎日) 신문, 니혼게이자이(日本経済) 신문, 니칸고교(日刊工業) 신문

그림 4.1 정보 시큐리티 관련 보도건수 추이

　　정보 시큐리티 관련 기사가 2005년에 급증한 것은 개인정보보호법 시행이 영향을 준 것으로 판단된다.

　　2006년과 2007년은 위니[1] 등의 파일 교환 소프트웨어를 통한 인터넷 정보 유출사건이 많이 발생한 해다. 2008년에는 감소로 돌아섰지만 이는 각 기업이 파일 교환 소프트웨어의 인스톨을 금지시키고 개인 PC를 업무에 사용하지 못하도록 대책을 세운 것이 효과를 냈던 결과로 생각된다. 다만 건수는 적어졌지만 아직도 파일 교환 소프트웨어를 통한 정보 유출이 보도되고 있다.

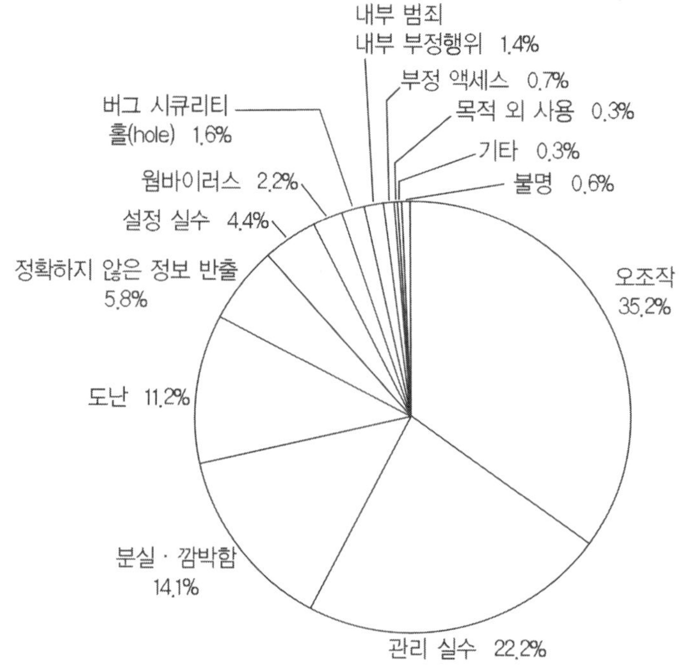

2008년 정보 시큐리티 사고에 관한 조사보고 Ver.1.3
(NPO 일본 네트워크 시큐리티협회 시큐리티피해조사 워킹그룹)

그림 4.2 정보누설 원인 분석

---

1) Winny : 일본의 대표적 P2P 파일 교환 소프트웨어

그림 4.2는 비영리기관인 '일본네트워크 시큐리티 협회'가 신문이나 인터넷에 보도된 사건·사고를 조사하여 작성한 원인별 개인정보 누설 건수를 나타낸 것이다. 사람에 의한 원인부터 기술적인 원인까지, 여러 원인에 의해 정보 누설이 일어나고 있는 것을 알 수 있다.

4.3 정보 시큐리티 보호 대책

전술한 바와 같이, 정보 시큐리티 사건·사고의 원인은 다양하기 때문에 그 대책도 인적 대책, 물리적·환경적 대책부터 기술적 대책까지 폭넓은 대책이 필요하다. 여기서는 다양한 측면의 대책에 대해 소개하고자 한다.

여기서 소개하는 대책을 마련하기란 현실적으로 불가능할 수도 있다. 예를 들면, 사무실이 임대 빌딩의 한 귀퉁이에 있어 출입관리를 철저히 할 수 없는 경우도 있고, 보호해야 할 정보의 가치에 비해 대책을 세우는 데에 소요되는 비용이나 인력 부담이 너무 큰 경우도 있을 것이다. 반대로 여기에 제시된 대책만으로는 불충분한 경우도 있을 것이다. 따라서 실제로 대책을 결정하는 데 있어서는 정보의 가치, 대책에 소요되는 부담, 대책의 효과 등을 고려하여 결정하게 된다.

(1) 인적, 조직적 대책

① 비밀유지계약
사원의 경우는 사원 취업규칙 등에 정보 시큐리티 보호를 약속하게 하는 것이 효과적이다. 업무를 위탁하는 경우에는 위탁처와의 계약서에 비밀유지사항을 포함하는 것이 효과적이다. 단, 이 때에는 무엇이 비밀인지를 분명히 하는 것이 중요하다. 회사의 비밀정보를 누설하거나 부정하게 이용한 경우, 손해배상을 요구한 재판에서는 누설한 정보가 비밀에 해당되는지, 회사는 비밀정보를 제대로 관리하고 있었는지가 쟁점이 되는 경우가 많다. 무엇이 비밀인지를 명확히 하기 어렵다고 해서 '파악한 모든 것을 비밀로 한다' 등으로 계약했을 경우에는 일반적으로 공지된 정보까지도 비밀로 해야만 하며, 이와 같은 계약은 공공질서와 미풍양속에 위반되기 때문에 계약 그 자체가 무효라는 판례도 있다. 또한 비밀 유지는 고용기간 중 혹은 계약기간 중에만 한정하지 않고, 계약이 종료된 후에도 비밀유지 의무를 지킬 것을 명기하는 것이 바람직하다.

② 정보의 라벨 부착

사외비(社外秘)나 비밀(秘密)이라고 쓰인 라벨을 서류나 바인더에 붙이는 경우가 많다. 이는 정보를 배포하거나 열람할 경우 그 비밀의 정도를 제시하여 그에 상응하게 다룰 것을 요구하기 위해서이다.

③ 개인 PC 사용금지

개인 PC를 회사의 LAN에 접속하거나 개인 PC로 회사의 업무를 수행하는 것을 금지하는 회사가 많다. 이는 취약한 개인 PC가 바이러스에 감염되는 경우가 많기 때문이다. MAC 주소(제조업자가 제품에 붙이는 전 세계에서 유일한 주소) 인증을 실시해 허가된 PC 이외는 LAN에 접속할 수 없게 하는 방법도 있다. 이는 효과적으로 개인 PC를 사용하지 못하게 막는 대책이다. 업무형태에 따라서는 개인 PC를 사용하지 못하게 할 수 없는 회사도 있는데, 그러한 경우에는 회사의 PC와 같은 시큐리티 대책을 개인 PC에 적용하는 것을 조건으로 허가하는 것이 바람직하다.

④ 외부로의 정보 반출

PC 혹은 정보가 보관된 매체를 가지고 다니면서 전철의 선반, 택시 또는 음식점에 두고 가는 사고가 많다. 이에 대한 대책으로서 정보를 외부로 반출하는 것을 최대한 금지해야 하며, 정보의 외부반출 허가제를 시행하는 것도 효과적 방법이다.

또한, PC의 하드디스크나 기타 매체를 암호화해두면 정보를 반출하여 분실하는 경우에 정보의 누설을 막을 수 있다. 최근에는 하드디스크의 암호화 소프트웨어도 저렴하게 유통되고, 작아서 자주 잃어버리는 USB 메모리도 인증기능이 있는 것을 저렴하게 구입할 수 있게 되었다. 이와 같은 것은 비밀성 관점의 대책이지만 완전성이나 가용성의 관점에서는 정보를 백업해 두는 것이 효과적이다.

(2) 물리적 · 환경적 대책

① 출입관리

열쇠 혹은 IC 카드제어 등을 이용하여 수상한 사람이 건물이나 사무실에 들어오는 것을 막는 것은 물론 출입에 대해 다음과 같은 대책을 세우는 것이 효과적이다.

  (a) 사원증 착용

  (b) 출입기록부 기입

    (방문자의 이름, 회사명을 비밀로 유지하기 위하여 일람표를 사용하지 않고 1인 1매로 작성하게 하거나 접수자가 방문자로부터 명함을 맡아 PC에 입력하기도 한다.)

  (c) 서버 룸 등 중요한 설비가 있는 장소의 비밀 유지

(d) 감시카메라 설치(감시의 합법성에 주의)

② 사무실의 환경

사무실의 정보 누설 리스크를 최대한 줄이기 위해 다음과 같은 대책이 효과적이다.

(a) 배치

칸막이 등을 이용하여 훔쳐보기 어렵게 배치한다. 사무실의 입구 근처에 중요한 정보를 두지 않는다.

(b) 클리어 데스크 · 클리어 스크린

클리어 데스크 : 비밀정보가 보관된 매체를 방치하지 않고 보관장소에 자물쇠를 채워 보관한다.

클리어 스크린 : 자리를 뜰 경우에는 PC의 화면을 끄거나 패스워드를 묻는 스크린 세이버로 보호한다.

③ 보관

비밀서류나 전자매체를 잠금장치가 되어 있는 장소에 보관하는 것은 정보 시큐리티 측면에서 예로부터 행해지고 있는 잘 알려진 방법이다. 보관장소에 보관된 매체에 접근할 때마다 열쇠를 열고 잠그는 방법과 업무를 시작할 때 열쇠로 열고 종료 시 열쇠를 잠그는 방법이 있다. 어떤 방법을 택할지는 보관되는 정보의 중요도, 보관장소가 있는 사무실이나 건물의 출입관리 상황에 따른다.

(3) 기술적 대책

① 인증방식

액세스하는 사람이 본인인지를 확인하는 방법은 다음과 같다.

(a) ID·패스워드 방식

자주 사용되는 인증방식으로서 ID·패스워드 방식이 있다. 패스워드가 타인에게 알려지지 않도록 본인이 주의를 기울여야 하지만 시스템 측에서 다음과 같은 대책을 세우면 안전성을 높일 수 있다.

- 짧은 패스워드, 숫자 또는 알파벳만으로 구성된 패스워드의 등록을 거부한다.
- 일정 기간이 경과한 패스워드는 강제로 변경시킨다. 이 경우 이전 패스워드의 재사용을 금지한다.
- 같은 ID로 연속해서 몇 번 로그온에 실패했을 때에는 그 ID의 사용을 중지시킨다.

패스워드를 시스템에 보관할 때에도 패스워드의 누출을 방지하기 위해서 암호화하거나 해시(hash)값을 저장하는 방법이 있다. 해시값 저장은 해시함수에 의해 연산한 결과를 저장하는 것으로써 저장된 값으로부터 원래의 패스워드 생성이 불가능한 특성이 있다.

(b) 생체인식

지문, 정맥류, 홍채 등 본인의 신체적 특징을 인식해 인증하는 방식이다.

(c) 일회용 패스워드

인터넷을 통해서 패스워드를 보내면 네트워크상에서 훔쳐보게 될 우려가 있다. 그러한 경우 일회용 패스워드를 사용하는 것이 효과적이다. 일회용 패스워드에는 다음과 같은 방식이 있다.

- 챌린지 & 리스폰스

서비스 제공자가 난수를 사용해 발생시킨 랜덤 기호(챌린지)를 이용자에게 보내 그것을 미리 결정한 공통키(Common Key ; 암호화의 열쇠와 복호화의 열쇠가 동일한 것)로 암호화해 반송받는 방식(리스폰스)이다. 서비스 제공자는 미리 결정한 공통키로 복호화해 원래의 챌린지와 일치하면 본인이라고 인증한다. 또한 공개키(Public Key) 암호방식을 이용하는 방법도 있다.(공개키 암호방식에 대해서는 ④참조)

- 시간동기방식(synchronous communication)

서비스 제공자와 이용자 사이에 미리 결정한 암호키와 시각을 사용해 패스워드를 발생시키는 방식이다. 이용자는 시각과 함께 다른 패스워드를 표시하는 이른바 토큰이라고 하는 장치를 보고 패스워드를 입력한다.

② 파이어 월

인터넷을 통한 부정 액세스를 방지하기 위하여 파이어 월을 설치하는 방법이 있다. 파이어 월의 종류는 다음과 같다.

(a) 패킷 필터링형 파이어 월

발신자 및 수신자의 IP주소를 보고 필터링을 실시하는 것이다. 그림 4.3과 같이 네트워크를 외부로부터 액세스가 가능한 영역(DMZ: Demilitarized Zone, 비무장지대)과 내부 영역으로 나누어 '인터넷을 통해 외부로부터 온 패킷은 WEB 서버나 메일 서버 등이 배치된 DMZ에의 접속은 허용 하지만 내부 영역에의 접속은 금지'하는 기능을 수행한다.

(b) 트랜스포트 게이트웨이형 파이어 월

TCP21(FTP), TCP23(Telnet), TCP80(http), TCP25(smtp) 등의 포트 번호에 의해 필터링을 실시하는 것이다.

(c) 애플리케이션 게이트웨이형 파이어 월

애플리케이션층의 내용을 보고 필터링을 실시하는 것이다.

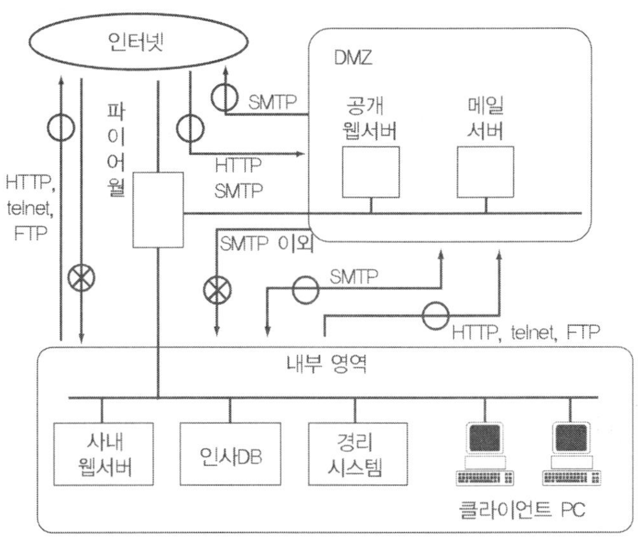

그림 4.3 영역분할과 파이어 월

③ VPN

전화 네트워크나 ISDN 등은 전기통신사업법의 규제 아래에서 운용되지만 인터넷은 전 세계의 다양한 네트워크와 접속된, 즉 통제되어 있지 않은 네트워크이기 때문에 정보를 훔쳐 볼 우려가 있다. 이때 네트워크를 통해 비밀정보를 전송하는 수단으로는 다음과 같은 방법이 있다.

(a) 전용선(Private Network)

전용선은 두 지점을 전용 전송로로 묶는 것으로서 인터넷 등의 공중망을 이용하지 않기 때문에 전송 도중에 정보가 유출될 우려가 적다. 다만, 무선구간에 있어서의 감청, 인입선에서의 도청, 전기통신사업자의 내부 범죄로 인한 도청 우려가 전혀 없는 것은 아니다. 이때, 전용선을 이용한 후, End-End로 암호를 걸 수도 있다. 전용선은 계약자의 전용 전송로이므로 공중망처럼 혼잡할 때에 사용할 수 없다든가 하는 일 없이 언제라도 정보를 전송할 수 있는 특징이 있다. 또한 전용 전송로라 해도 물리적인 케이블이 두 지점 간에 설치되는 것이 아니라 다중화(시분할 다중 등)된 전송로 중 몇 개의 채널이 전용으로 할당되는 것이다. 기업 내 네트워크 등에 이용되는 경우가 많다.

(b) IP-VPN

전용선은 계약자의 전용 전송로이기 때문에 가격이 비싸다. 이때 전기통신사업자가 전용선의 특징을 유지하면서 저가로 제공하는 가상 전용선망(Virtual Private Network)이 있다. 이것은 많은 이용자가 공동으로 사용하게 됨으로써 가격을 낮출 수 있지만 공중망과는 달리 혼잡한 경우에도 일정한 전송속도를 보장하는 것이다(이른바 대역보증). 전용선과 마찬가지로 인터넷을 이용하지 않는 전송로다.

(c) VPN(인터넷 VPN)

VPN도 가상 전용선망(Virtual Private Network)이지만 전용선이나 IP-VPN 등과 달리 인터넷을 통하여 전송하는 네트워크다. 암호화를 통해서 도청을 방지하고 있다. VPN은 단말에서 암호화하는 방법과 VPN 게이트웨이에서 암호화하는 방법이 있다.(그림 4.4 참조)

전송모드(Transport mode)는 이동하며 이용하는 데는 적합하지만 단말기가 암호화를 직접 하기 때문에 단말기에 부하가 걸린다는 단점도 있다. 한편, 터널모드(Tunnel mode)의 경우는 단말기에 특별한 기능을 필요로 하지 않고 암호화 부하도 걸리지 않지만 이용장소가 한정된다는 단점이 있다.

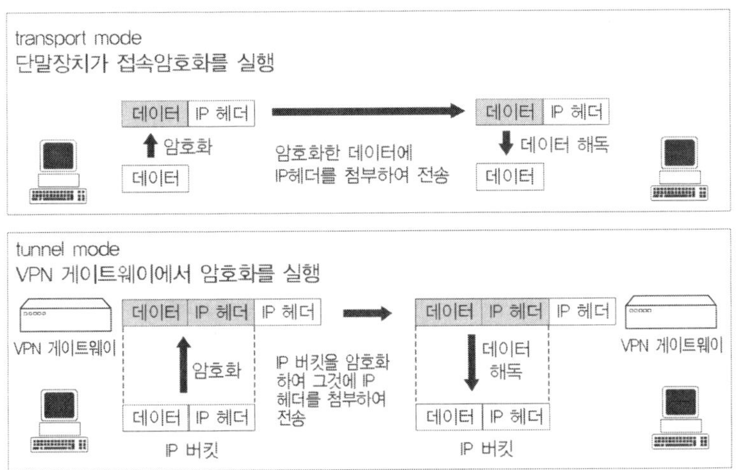

그림 4.4   VPN의 모드

④ SSL 암호화통신

SSL 암호는 공개키 암호방식을 이용해 데이터를 암호화해서 네트워크상의 유출로부터 정보를 보호하는 것이다. 상세한 설명은 생략하지만, 공개키 암호방식은 공개키와 비밀기가 한 쌍(pair)이 되어 공개키로 암호화한 것은 비밀키를 이용해야만 해독할 수 있는 방식이다. 그림 4.5는 SSL 암호화통신의 원리도다.

실제 데이터의 암호화 및 해독은 유저가 생성하는 공통키(암호화키와 해독키가 동일한 것)를 이용하여 이루어지지만, 유저는 생성한 공통키를 서버가 보내온 공개키로 암호화하여 서버로 전송한다. 암호화한 공통키를 해독할 수 있는 것은 공개키에 대응하는 비밀키를 가진 사람, 즉 서버뿐이다. 따라서 공통키를 알고 있는 것은 이를 생성한 유저와 비밀키를 가진 서버뿐이라는 말이 된다. 그 때문에 네트워크상에서 누출이 되어도 공통키가 유출되는 경우는 없다.

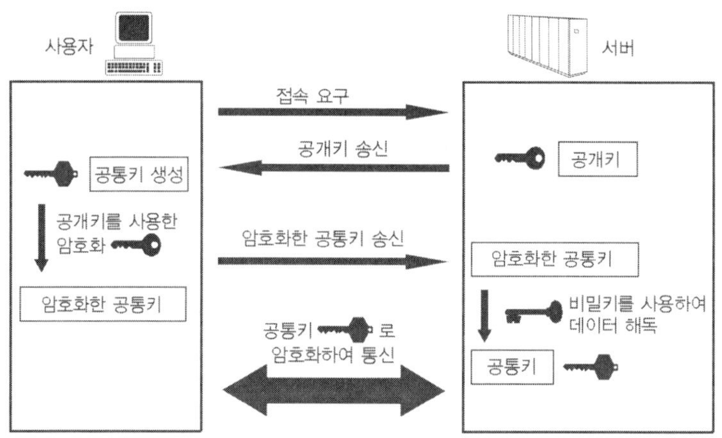

그림 4.5   SSL 암호화통신

⑤ 바이러스 방지 S/W

바이러스 방지 S/W는 바이러스의 특징을 기술한 패턴파일을 사용하여 바이러스를 검출한다. 따라서 이는 신종 바이러스에 대응할 수 없고 그 때문에 패턴파일은 항상 최신으로 유지할 필요가 있으며, 정기적으로 자동 갱신할 수 있도록 설정해 두는 것이 바람직하다. 단점으로는 인터넷에 접속하지 않는 단말기의 경우 자동으로 갱신할 수 없다는 점이 있다. 인터넷에 접속한 적이 없는 감시 네트워크의 단말기가 바이러스에 감염되고, 그것이 감시 네트워크를 통해서 모든 감시 단말기를 감염시키고, 더 나아가 감시 대상 고객의 단말기를 감염시킨 사례가 있다. 최초에 어디서 감염되었는지는 불분명하지만 감시 네트워크에 접속된 고객 단말기나 이동식 매체로부터의 감염 등 인터넷에 접속하지 않는 단말기도 바이러스 감염의 위험은 있다. 이러한 경우를 대비하여 패턴파일의 정기적인 갱신을 철저히 할 필요가 있다.

⑥ 시큐리티 패치

바이러스 중에는 OS의 취약성을 뚫는 것도 있다. 이 때문에 새롭게 발견된 취약성에 대해 OS 공급자는 시큐리티 패치를 공급한다. 이에 대해서도 자동갱신을 설정해 두는 것이 바람직하다. 다만, 시큐리티 패치 중에는 부작용도 있는데, 시큐리티 패치를 적용한 컴퓨터가 비정상적으로 작동한 사례도 있다. 이때 시큐리티 패치를 시험용 컴퓨터에서 일정기간 운용하여 안전성을 확인한 다음 실제로 운용하는 컴퓨터에 적용하는 방법도 있다. 단지 이러한 방법을 취하기 위해서는 그만한 환경 및 기술이 있는 요원을 필요로 하기 때문에 자동갱신을 하는 곳이 많다.

⑦ 감사 로그

로그를 취득하고, 정기적으로 또는 사건 발생 시에 부자연스러운 액세스나 조작이 없는지(예를 들면, 근무시간 외에 많은 액세스를 하는 점 등)를 조사하는 것은 부정 액세스의 피의자를 좁히는 데 효과적인 수단이며 또한 부정 액세스에 대한 견제도 된다. 로그를 어느 정도까지 상세하게 취득할지는 보호해야 할 정보의 중요성과 소요되는 비용을 기준으로 판단한다. 그 중에는 클라이언트가 행한 조작을 나중에 재현할 수 있도록 모든 입력, 출력을 로그로 보존하고 있는 곳도 있다. 또한 액세스 로그(액세스하는 일시, ID 등)만을 로그로서 취득, 보존하고 있는 곳도 있다.

⑧ 정보의 백업

정보가 손실 혹은 파괴되었을 때를 대비하여 정보를 백업해 두는 것이 좋다. PC의 정보를 외부 매체에 정기적으로 백업하는 것은 부담이 크기 때문에 PC에는 정보를 보관하지 않고 공유 파일서버에 보관하면서 파일서버의 정보를 자동적으로 또 정기적으로 백업하는 경우가 많다. 중요한 정보는 지진을 고려해서 가능한 충분히 떨어진 2개소에 보존하는 것이 바람직하다. 또, 장기간 보존하는 경우에는 매체에 따라서는 열화(劣化)로 인하여 재생할 수 없게 될 우려도 있기 때문에 정기적으로 매체를 시험하는 것이 바람직하다. 또한 정보의 보관이나 매체의 시험을 하청받는 데이터 보관 회사를 이용하는 방법도 있다.

(4) 일반적 주의사항

여기서는 일반 이용자가 주의해야 할 사항들을 서술한다.

① 패스워드 추측에 의한 부정 액세스 대책

이전에는 패스워드를 스티커에 써서 모니터에 붙여놓는 광경을 가끔 보았지만 최근에는 별로 보이지 않는다. 단지, 패스워드를 잊어서는 안 된다고 생각하여 간단한 패스워드를 사용한 탓에 타인이 추측으로 부정하게 액세스하는 사건이 많다. 옥션 서비스용 ID 164개의 패스워드가 부정 액세스되어 총 1,200만 엔이 인출된 사례도 있다. 이 때 패스워드의 추측을 피하기 위해서는 다음의 조건을 만족시키는 패스워드를 사용하는 것이 바람직하다.

- 이름, 전화번호, 생일 등 다른 사람이 쉽게 추측하지 못하는 것
- 사전에 포함되는 말이 아닐 것(일반적인 단어가 아닐 것)
- 동일한 숫자 또는 알파벳이 연속된 문자배열이 아닐 것

또한 패스워드를 정기적으로 변경하는 것도 효과적이다.

② E-mail에 있어서의 주의사항

E-mail의 정보 시큐리티에 관한 사건·사고도 많이 있다.

(a) 메일의 오송신

메일 수신자를 잘못 쓰는 것에 대해 많은 기업이 골머리를 썩고 있다. 좀처럼 결정적인 대책은 없는 실정이지만, 다음과 같은 대책을 세움으로 오송신의 확률을 줄일 수 있다.

- 일단 메일 송신을 보류하고, 송신인에게 행선지가 틀림없는지 확인한 후 송신한다. 또한 송신 버튼을 누를 때에도 즉시 송신하지 말고, 일정 시간이 경과한 후에 송신하는 방법도 있다. 송신 버튼을 클릭한 직후에 실수를 알아차리는 경우가 자주 있는데 그러한 상황에 효과적인 대책이다.
- 상대마다 패스워드를 정해두고, 비밀정보는 첨부 파일로 보내면서 그 패스워드로 암호화한다. 수신자를 잘못 적을 경우에도 파일을 열 수 없기 때문에 정보 누출을 막을 수 있다.(다만, 암호화 해야 할 파일을 암호화하지 않고 보냈을 경우에는 이 방법으로 막을 수 없다)

(b) 메일에 잠복하는 바이러스, 피싱

메일에 바이러스가 잠복해 있거나 피싱 메일이 오기도 한다. 이에 대해서는 '③ 바이러스 대책'에서 논의한다.

③ 바이러스 대책

바이러스 방지 S/W를 도입하는 것은 물론 다음 사항들에 대한 주의도 필요하다.

(a) 사용실적이 없는 S/W를 설치하지 않는다.

소프트웨어의 다운로드 사이트에는 등록된 소프트웨어에 트로이 목마가 숨어 있는 경우가 있다. 따라서 신뢰할 수 있는 개발자의 것 또는 다른 곳에서 사용실적이 있는 것 이외의 소프트웨어는 설치하지 않도록 하는 것이 철칙이다. 또한, 위니(Winny)나 쉐어(Share)라는 파일 교환 소프트웨어를 통한 정보유출 사건이 2006년 경 빈번히 보도되었으나 파일 교환 소프트웨어 자체는 바이러스가 아니다. 이를 이용하는 Antinny 바이러스에 감염되면 PC 내의 파일이 공개 폴더에 복사되어 그것이 전 세계 파일 교환 소프트웨어 이용자가 열람하는 사태가 발생한다. 이 때문에 파일 교환 소프트웨어 설치를 금지하는 회사가 많다.

(b) 부정한 다운로드를 하지 않는다

인터넷에서 다운로드한 파일에 바이러스가 포함되어 있는 경우가 있다. 따라서 부정하게 다운로드하지 말고 신뢰할 수 있는 사이트인지, 신뢰할 수 있는 개발자인지를 확인하는 것이 중요하다.

(c) 메일에 잠복하는 바이러스

메일에 대해서는 수신시에 바이러스를 체크하도록 설정해 두는 것이 좋지만, 그것을 재빨리 빠져나가는 바이러스도 있으므로 다음과 같은 주의가 필요하다. 먼저 신뢰할 수 있는 발신인인지를 확인한다(from 주소는 위장할 수 있으므로 메일의 내용으로 판단하는 것이 좋다). 이것을 확인할 수 없는 메일의 첨부 파일은 열지 않고 본문에 쓰인 URL을 클릭하지 않는 등 주의가 필요하다. 또한 회사에 따라서는 실행형식 파일(확장자가 .exe 등)이 첨부된 메일은 차단하는 곳도 있다.

(d) 업무와 관계없는 사이트의 열람 금지

업무와 관계가 없는 사이트, 특히 신뢰할 수 없는 사이트의 열람을 금지하는 기업이 많다. '업무에 전념해야 하기 때문'이라고도 하지만 바이러스 감염을 피하기 위한 규칙이다. 사이트에 따라서는 바이러스 감염의 우려가 강한 곳도 있다.(예를 들면, 성인 사이트)

(e) 모바일 코드 대책

ActiveX나 JAVA 스크립트 등 상대로부터 실행형식 코드가 보내져 자신의 PC 상에서 동작하는 것을 모바일 코드라고 부른다. 실행형식이므로 PC 내 파일의 삭제, 파괴, 카피 등 다양한 위험에 노출될 우려가 있다. 이에 대해서는 브라우저의 시큐리티를 설정하여 Active X나 JAVA 스크립트를 무효화하거나 서명이 없는 것은 금지하는 등의 대책이 있다. 또한 앞에서 서술한 바와 같이 신뢰할 수 없는 사이트는 열람하지 않는 것도 효과적이다.

④ 피싱 대책

보이스피싱과 같은 은행입금 사기 수법들이 인터넷에도 있다. 예를 들면, '지금 설치되어 있는 인터넷뱅킹 소프트웨어에서 취약성이 발견되었으므로 새로운 소프트웨어를 다운로드하여 설치하라'는 취지의 메일을 보내어 메일에 쓰인 URL를 클릭하면 가짜 사이트에 접속되어 거기에 ID·패스워드를 입력하면 그 화면이 상대방에게 표시되어 ID와 패스워드를 부정하게 취득하는 수법이다. 바이러스 방지 소프트웨어에 피싱 검출기능이 있는 경우 그것을 이용하는 것도 효과적이지만 그렇게 해서 모두 막을 수 있는 것은 아니다. 이때 다음 항목에 주의하는 것이 중요하다.

- 우선, 의심하는 것이다. 공식 사이트에 액세스(메일의 URL을 클릭하는 것이 아니라 즐겨찾기 사용)하거나 전화를 해서 확인한다.
- 메일이 신뢰할 수 있는 사람으로부터 왔는지 확인한다. 메일 주소는 위장할 수 있으므로 메일의 내용으로 판단하는 것이 좋다.(본인이 아니면 알 수 없는 사항이 쓰여 있는지)
- ID·패스워드를 입력할 때, SSL 암호로 되어 있는지 확인한다. 가짜 사이트는 SSL로 되어 있지 않은 것이 대부분이다. SSL인지 아닌지는 URL이 https로 시작하는지 혹은 열쇠 아이콘이 표시되어 있는지로 판단할 수 있다.

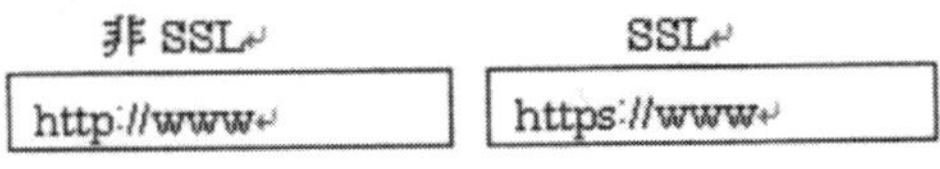

🔒 SSL의 경우에는 열쇠 아이콘이 표시된다.

⑤ 원클릭 사기 대책

브라우저의 화면에 돌연 청구서가 표시되어 삭제하려고 해도 딱 붙어 있어서 삭제할 수 없는 경우가 있다. 성인사이트 등을 볼 경우에 일어나는 현상이지만 성인사이트에 액세스하지 않아도 유도되어 발생하기도 한다. 이에 대한 대책으로는 다음과 같은 것이 있다.

- 돈을 입금하지 않는다.
- 청구서에 있는 메일이나 전화로 문의하지 않는다.
- 시스템을 복원하고 그래도 안 되면 PC를 초기화한다.

⑥ 사무실에서의 주의사항

사무실 내에도 여러 가지 위협이 존재한다. 이 때 다음과 같은 주의가 필요하다.

- 사원증을 착용한다. 외부인이 사무실에 들어올 때에는 방문자 명찰을 착용하도록 하고 사원이 동행한다.
- 화물은 사무실 밖에서 수취한다. 어쩔 수 없이 사무실에 들어오는 경우에는 사원이 동행한다.
- 프린터 등의 사무기기 관리요원이 입실할 때에는 사원이 동행한다.
- 청소원이나 경비원에게는 고용시 비밀유지 의무를 부과한다. 회사에 따라서는 청소는 근무시간 중에 실시하거나 사원이 하

는 곳도 있다.

- 프린터, 팩시밀리에 비밀정보를 방치하지 않는다.
- 비밀정보를 폐기할 때에는 문서 절단기를 이용한다.

CD 등의 전자매체를 폐기할 경우에는 CD용 절단기를 이용하거나 물리적으로 파괴한다. 컴퓨터를 폐기할 때에는 하드디스크를 물리적으로 파괴하든가 혹은 덧쓰기를 하여 내용을 완전히 삭제한다. 통상 파일을 지울 때에는 이른바 인덱스상에서 지워진 것일 뿐이므로 파일명을 지정해 읽을 수는 없지만 파일의 내용이 없어진 것은 아니다. 따라서 물리적인 주소를 지정해 읽어내는 것이 가능하게 된다.

4.4 정보 시큐리티에 관한 인정·인증제도

정보 시큐리티에 대한 인정·인증제도에 대해 표 4.1에 제시하였다. 여기서는 ISMS 적합성 평가제도와 프라이버시 마크제도를 소개한다. 모두 ISO(국제표준기구) 혹은 JIS(일본공업규격)의 요구사항을 충족하였는지를 심사하여 충족한 조직에는 인정·인증이 부여된다. 관련 업무를 위탁할 때에 이와 같은 인정·인증 취득을 조건으로 하는 기업이 점점 많아지고 있다. 또한, 행정기관 가운데에도 이러한 인정·인증을 입찰 조건으로 내세우는 곳도 있다.

표 4.1　정보 시큐리티에 관한 인정·인증제도

제 도	기 준	특 징
ISMS 적합성 평가제도	ISO/IEC 27001 (JIS Q 27001)	모든 대상정보에 적용. 조직과 시스템을 한정하여 인증을 받을 수 있음.
프라이버시 마크제도	JIS Q 15001	대상정보는 개인정보로 한정. 전사(全社) 취득이 조건임.
IT 시큐리티 평가 및 인증제도	ISO/IEC 15408 (JIS Q 5070)	제품이나 시스템에 대한 인증제도.
정보 시큐리티 감사제도	정보 시큐리티 관리기준 (경제산업성)	모든 대상정보에 적용. 기준의 일부에 한정하여 감사를 받을 수 있음. 매니지먼트 시스템 구축 중에도 감사를 받을 수 있음. 감사결과를 인증서가 아닌 보고서로 제출함.

ISMS: Information Security Management System
(정보 시큐리티 매니지먼트 시스템)

(1) ISMS 적합성 평가제도

① ISMS 적합성 평가제도의 개요

그림 4.6은 ISMS 적합성 평가제도의 개요를 보여주고 있다.

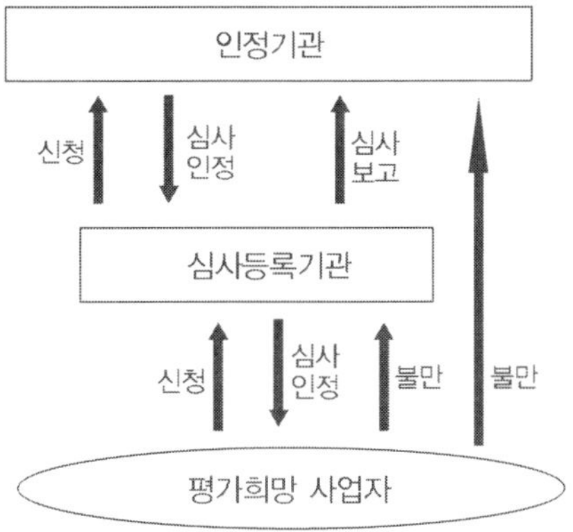

그림 4.6 ISMS 적합성 평가제도의 개요

인정기관은 심사등록기관을 심사하여 인정을 부여하는 기관이다. 일본에는 ISMS 인증제도를 처음 시작한 일본정보처리개발협회(JIPDEC)와 ISO 9001, ISO 14001의 인정기관이기도 한 일본적합성인정협회(JAB) 두 개의 인정기관이 있다.

심사등록기관은 사업자의 ISMS가 ISO/IEC 27001에 적합한지를 심사해 인증을 부여하는 기관이다. 심사등록기관과 인증건수는 아래와 같다.

- 심사등록기관 수 : 24개(2009년 12월 24일 현재, JIPDEC 인정)
- 인증취득 조직 수 : 3,377개(2009년 12월 25일 현재, JIPDEC 등록)

② ISO/IEC 27001

ISMS 적합성 평가제도의 심사기준은 ISO/IEC 27001 및 JIS Q 27001이다. JIS Q 27001은 ISO/IEC 27001을 번역한 것으로써 이 둘은 같은 내용으로 구성되어 있다. ISO/IEC 27001은 본문과 부속서로 구성된다. 본문에는 매니지먼트 시스템에 대한 요구사항이 기술되어 있는데, 그 요구사항의 주된 내용은 다음과 같다.

- ISMS의 기본방침 설정
- 위험률 평가방법의 설정
- 위험률 평가 실시
- 위험률 평가 결과에 따라 위험율이 높은 리스크에 대해서는 관리대책(Control: 시큐리티상의 대책) 실시
- 교육, 내부 감사, 매니지먼트 리뷰(경영진에 의한 재검토), 시정조치, 예방조치의 실시
- 문서관리(작성, 원판 개정, 승인, 배포, 보관 등)의 실시

다만, 이것들을 행하기 위한 구체적 방법을 상세하게 정하고 있는 것은 아니다. 예를 들면, 리스크값을 계산하는 방법으로서,

$$리스크\ 값 = (정보의)\ 자산가치 \times 위협 \times 취약성$$

이라는 공식이 자주 사용된다. 그러나 ISO/IEC 27001에서는 자산가치, 위협, 취약성의 고려를 요구하고 있지만 공식까지 정하지는 않고 있다. 또한 유지해야 할 시큐리티의 레벨(리스크 정도)도 절대 레벨이 정해져 있는 것은 아니다. 그것은 각 조직이 보호해야 할 정보의 중요도, 대책에 소요되는 비용 등을 고려해 결정하는 것이다.

부속서에는 133가지 관리방법이 제시되어 정보 시큐리티를 위한 대책이 망라되어 있다. 조직은 위험률 평가결과에 근거해 이 가운데에서 필요한 것을 선택하여 실시하게 된다.

(2) 프라이버시 마크제도

① 프라이버시 마크제도의 개요

1995년 개인정보 보호에 관한 EU 지침이 채택되었는데 그 가운데 '충분한 보호규정이 없는 나라에는 개인정보를 보내서는 안 된다'라는 규정이 있어서 일본도 개인정보 보호 관련 규정이 필요하게 되었다. 당시 일본에는 개인정보 보호에 관한 법률은 없었고 일본정보처리개발협회를 인정 부여기관으로 하는 프라이버시 마크제도가 1998년에 만들어졌다. 프라이버시 마크제도의 개요는 그림 4.7과 같다.

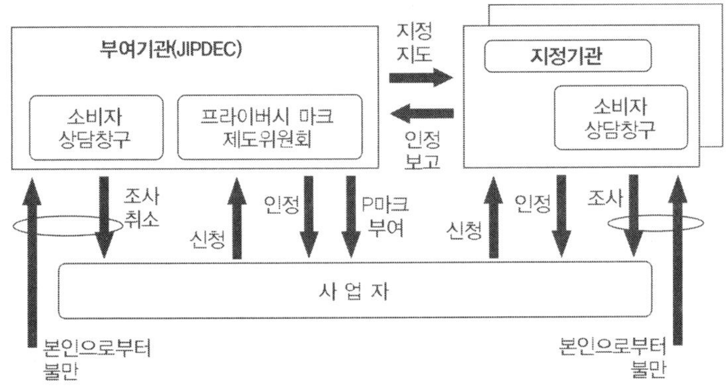

그림 4.7 프라이버시 마크제도의 개요

지정기관이란 JIPDEC에 의해 지정된 민간 사업자단체로서 이 단체에 소속된 각 사업자는 지정기관에서 심사를 받을 수 있다. 2009년 12월 16일 현재 17개의 지정기관이 존재한다. 소속된 사업자단체가 지정기관으로 지정되어 있지 않은 경우에는 JIPDEC로부터 심사를 받을 수 있다. 프라이버시 마크 인정을 취득한 사업자는 2009년 12월 25일 현재 11,045개 회사이다.

② JIS Q 15001

프라이버시 마크제도에 의한 심사기준은 JIS Q 15001이다. JIS Q 15001은 개인정보보호법의 수립에 따라 2006년에 개정되었다. JIS Q

표 4.2 JIS Q 15001과 개인정보보호법의 비교

항 목	JIS 15001	개인정보보호법
개인정보의 정의	사망자의 정보 포함	생존자로 한정
직접 서면에 의한 취득	이용목적의 통지, 동의	이용목적의 통지 (동의까지는 요구하지 않음)
직접 서면 이외에 의한 취득	이용목적의 통지 또는 공표	이용목적의 통지 또는 공표
예민한 정보[1]	취득, 이용, 제공에 대해 명시적인 동의 필요	예민한 정보에 대한 개념 없음
이용목적의 변경	이용목적의 통지, 동의	이용목적의 통지 또는 공표
제3자 제공의 제한	개인정보의 제공에 관하여 규정	개인 데이터[2]의 제공에 대해 규정
시스템의 액세스	이용목적의 통지, 동의 (이미 동의를 받은 경우에는 불필요)	규정 없음
적정관리(정확성, 안전관리, 종업원의 감독, 위탁자의 관리)	개인정보의 적정관리	개인 데이터의 적정관리

주1) 예민한 정보는 다음의 정보를 말한다.
- 사상, 신조 또는 종교에 관한 사항
- 인종, 민족, 문벌, 본적지(소재 광역지자체에 대한 정보를 제외한다), 신체·정신장애, 범죄경력 기타 사회적 차별의 원인이 되는 사항
- 근로자의 단결권, 단체교섭, 기타 단체행동행위에 관한 사항
- 집단 시위행위 참가, 청원권의 행사, 기타 정치적 권리 행사에 관한 사항
- 보건 의료 또는 성생활에 관한 사항

주2) '개인 데이터'는 개인 데이터베이스를 구성하는 개인정보를 말한다.

15001에서는 개인정보의 취득, 제3자에 대한 정보제공 수속(통지, 동의 등)이나 본인으로부터의 삭제, 정정 등의 요구에 대한 대응 및 개인정보의 누설, 멸실 또는 훼손의 방지를 규정하고 있어 인증을 받기 위해서는 매니지먼트 시스템을 구축할 필요가 있다. 매니지먼트 시스템에는 ISMS와 마찬가지로 위험률 평가, 교육, 내부 감사, 대표자에 의한 재검토, 시정조치, 예방조치 등이 포함된다. JIS Q 15001을 개인정보보호법과 비교하면 표 4.2에서 보는 바와 같이 JIS Q 15001이 엄격하게 규정되어 있다.

4.5 결론

정보 시큐리티 기술은 급속한 변화를 보이는 분야이다. 정보 시큐리티에 대한 위협도, 이에 대한 대처방법도 계속 진화하고 있다. 한편 이에 따라 조직 및 법제도도 계속 변화하고 있어 계속 동향을 주시하면서 대응해 가는 것이 중요하다. 한편, 일반 사용자가 정보 시큐리티에 관한 많은 지식이 없어 인터넷 등 정보사회의 혜택을 받지 못하는 것도 곤란한 일이다. 이에 비해서 가전제품 등은 그다지 전문지식이 없어도 안심하고 사용할 수 있다. 머지않아 정보분야에도 많은 일반 사용자가 그다지 주의를 기울이지 않아도 안심하고 이용할 수 있는 시대가 오리라 기대한다.

제5장

물질의 안전·안심

5.1 주변의 물질

물질은 원자, 중성자 및 전자 그리고 보다 작게는 소립자로 구성된다. 바꿔 말하면, 우리 주변에 존재하는 모든 것을 말한다. 또한 주기표 상의 원소기호가 나타내는 원소로 이루어지는 단체 혹은 화합물을 물질이라고 할 수도 있다. 물질의 분류방법은 다양하지만 우리 주변에서 사용되는 재료의 관점에서 보면 금속, 무기물 및 유기물로 크게 나눌 수 있다. 금속은 철강과 비철강으로, 유기물은 저분자 유기화합물과 고분자로 세분화된다.

위에서 서술한 각 재료의 장·단점 및 사용용도는 아래와 같다.

금속재료에는 철강과 구리, 알루미늄 등으로 대표되는 비철강이 있다. 금속재료는 강도와 인성의 비율이 일정하고, 사용온도 영역이 극저온부터 1,000℃ 이상까지 유지된다. 소성가공이나 주조·용접 등 가공성이 뛰어난 특징을 가지고 있어 구조재료, 자동차나 항공기 등의 몸체, 배관 등에 널리 사용되고 있다. 하지만, 금속은 안정된 화합물에서 원소로 추출된 것이기 때문에 부식에 주의할 필요가 있다.

대표적 무기물인 세라믹은 일반적으로 금속보다 가볍고 내열성, 내식성, 강도 등이 금속보다 좋다. 우리 주변에는 유리, 도자기, 전자부품 및 센서 재료로서 사용된다. 한편, 세라믹의 결점은 성형성 및 가공성이 취약하다는 것과 취약성파괴가 나타난다는 것이다. 또한 동일한 성능을 가진 재료를 대량으로 구하는 것이 무엇보다 어려운 점이라 할 수 있다.

유기물은 탄소원자를 골격으로 하는 화합물로써 석유 등으로 대표되는 저분자 탄소화합물이다. 연료로서의 석유, 그 외에 약품 등이 있다.

고분자 유기화합물은 위에서 서술한 금속재료 및 세라믹 재료에 없는 유연한 성질을 가지고 있어 매우 경량이며 가공·성형성이 풍부하고 내식성, 내약품성도 양호하다. 이 성질을 이용하여 의류, 식품용기, 도료, 전자제품의 케이스, 포장재, 코팅제 등에 이용되고 있다. 또, 다양한 처리 혹은 첨가물을 통해, 금속재료에 필적하는 강도나 탄성률도 얻을 수 있다. 그렇지만 사용 온도범위가 한정되는 (저온에서는 취약화, 고온에서는 탄화) 단점이 있다.

이러한 금속, 무기물, 유기물 및 고분자 등의 물질은 인간의 생활을 풍부하게 하는 반면, 주의도 필요하다. 예를 들면 물질은 화학적인 측면에서는 반응에 의한 폭발, 물리적인 측면에서는 파괴(혹은 붕괴) 등의 우려가 있다.

제5장 제2절에서 무기물, 유기물 등 화학물질의 안전한 취급에 대하여, 제3절에서는 고분자 재료의 실용성부터 내피로성, 내약품성, 난연성 및 내열성에 관한 안전성에 대해 서술하고자 한다.

5.2 화학물질 등 안전 데이터 시트(MSDS) 제도에 대하여

(1) 문명과 화학물질

현대를 사는 우리는 매일 화학물질의 은혜를 받으며 생활하고 있다. 색채가 화려한 의복, 쉽게 부패하지 않는 식품, 쾌적하게 살 수 있는 주거 등, 화학물질이 효율적으로 이용되고 있는 예는 헤아릴 수 없다. 의식주만이 아니라 정도의 차이는 있지만 대부분 모든 것이 화학물질과 관계되어 있다. 이렇게 해서 얻을 수 있는 풍요로운 생활은 인류가 구축해 온 문명 덕분이다.

인류의 탄생은 몇 백만 년 전이지만 현대와 같이 여러 종류의 화학물질을 대량으로 사용하기 시작한 것은 그다지 오래된 이야기가 아니다. 이는 약 200년 전에 일어난 산업혁명 이후 급속하게 발전한 화학공업에 기인하는 것이라 할 수 있다. 최근 우리가 사용하는 화학물질의 종류는 꾸준히 증가해 왔다. 예를 들면 미국화학회의 CAS (Chemical Abstract Service)에 등록되어 있는 화학물질의 수는 최근 매년 200만 종이나 증가하고 있어 2009년 12월 현재, 이미 5,000만 종을 넘고 있다. 이 모두가 항상 이용되는 것은 아니지만 일본에서는 몇 만 종류나 되는 화학물질이 일상적으로 제조·사용되어 우리의 문명사회를 떠받치고 있다. 그러나 이 많은 종류의 화학물질 중에는 폭발과 같은 위험성 혹은 사람이나 환경에 유해한 작용(위험유해성)을 하는 물질도 존재한다. 그 때문에 화학물질에 의한 사고나 질병은 지금까지도 계속해서 발생하고 있다. 이것은 화학물질을 취급하는 사람이 화학물질의 위험유해성이나 적절한 관리·취급방법 등을 모르는 것이 하나의 원인이 되고 있다. 이러한 사고나 질병의 발생 및 피해의 확대를 방지하기 위해서는 화학물질에 관한 중요한 정보를 주지하는 시스템이 필요하다.

(2) MSDS란 무엇인가?

매일 여러 가지 화학물질을 취급하는 공장이나 연구기관 등에서는 화학물질을 어떻게 안전하게 취급할 것인지가 중요하다. 앞에서 서술한 바와 같이 화학물질은 종류가 많지만, 올바른 취급방법을 숙지하지 않으면 안전성을 확보할 수 없다. 말하자면, 화학물질을 안전하게 사용하기 위해서는 그 화학물질 정보를 정확하게 파악하는 것이 가장 기본적이며 중요한 것이다.

그 때문에 특히 주의가 필요한 물질들을 판매하거나 양도할 때에는 위험유해성이나 사고 시의 응급조치 등에 관한 정보를 우선적으로 제공하는 것이 의무화되어 있다. 이 정보를 이해하기 쉽게 정리한 것이 화학물질 안전 데이터 시트(MSDS : Material Safety Data Sheet)이다. MSDS에 기재되어 있는 정보를 숙지하고 있으면 사고 등의 발생 확률을 줄일 수 있고, 만일의 사고가 발생했을 때에도 현장에서 적절하고 신속한 조치를 취할 수 있다.

(3) MSDS의 제공을 의무화하는 법률

위에서 서술한 바와 같이 사회적 필요성을 배경으로 구미 각국을 비롯하여 각국에서 MSDS의 제공을 요구하는 법률이 제정되고 있다. 일본에서는 다음 세 가지 법률에 근거하여 MSDS의 제공 등이 규정되고 있다.[1]

① 노동안전위생법

'직장에서 노동자의 안전과 건강을 확보하는 동시에 쾌적한 직장 환경의 형성을 촉진하는 것'을 목적으로 하는 이 법률에서는 '제57조의 2'에서 MSDS의 제공이 의무화하고 있다.

노동자에게 위험 또는 건강장해를 일으킬 우려가 있는 물건(통지 대상물)을 양도하거나 제공하는 사람은 통지 대상물에 관한 다음 사항을 상대방에게 통지해야 한다.

① 명칭, ② 성분 및 함유량, ③ 물리적 및 화학적 성질, ④ 인체에 끼치는 작용, ⑤ 저장 또는 취급상의 주의, ⑥ 유출 및 기타 사고가 발생했을 경우에 강구할 응급조치, ⑦ 그 외에 후생노동성령(노동안전위생규칙 제34조의 2의 4)에서 정하는 사항

위의 통지 대상물은 관련규정(노동안전위생법시행령 제18조의 2)에 640개의 물질과 그것을 함유하는 혼합물이 정해져 있다. 한편, 사업자는 통지된 사항을 대상물을 취급하는 각 작업장의 눈에 띄는 장소에 항상 게시하고 비치함으로써 해당 물질을 취급하는 노동자에게 주지시켜야 한다고 규정되어 있다.(노동 안전위생법 제101조 제2항)

② 특정 화학물질이 환경으로 배출되는 양의 파악 및 관리 개선 촉진에 관한 법률

'사업자에 의한 화학물질의 자주적 관리 개선을 촉진하고 환경보전 상 발생하는 지장을 미연에 방지하는 것'을 목적으로 하는 이 법률에서는 제14조에서 MSDS의 제공을 의무화하고 있다. 지정 화학물질 등 취급사업자가 지정 화학물질들을 다른 사업자에게 양도하거나 제공할 때에는 상대방에 대하여 그 성상(性狀) 및 취급에 관한 정보를 제공해야 한다. 해당 지정 화학물질 등과 관련하여 제공해야 하는 정보로는 경제산업성령(지정 화학물질 등의 성상 및 취급에 관한 정보의 제공 방법 등을 정하는 성령 제3조)에 다음 항목이 정해져 있다. ① 명칭, 규정상의 번호, 제1종/특정 제1종/제2종 지정 화학물질의 구별, 혼합물의 경우에는 함유율 등, ② 취급사업자의 성명 또는 명칭, 주소 및 연락처, ③ 누출되었을 때에 필요한 조치, ④ 취급상 또는 보관상의 주의, ⑤ 물리적 화학적 성상, ⑥ 안정성 및 반응성, ⑦ 유해성, ⑧

환경영향, ⑨ 폐기상의 주의, ⑩ 수송상의 주의

지정 화학물질은 관련규정(특정 화학물질의 환경으로의 배출량 파악 및 관리개선의 촉진에 관한 법률시행령 제조, 제2조 및 제4조)에 정해져 있다. 간접적인 것까지 포함시켜 사람의 건강을 해칠 우려 또는 동식물의 서식이나 생육에 지장을 미치게 할 우려가 있는 것으로서, 제1종 지정 화학물질은 462개(그 중 특정 제1종 지정 화학물질 15개)가, 제2종 지정화학물질 100개가 정해져 있다.

③ 독물 및 극물단속법

'독물 및 극물에 대하여 보건위생상의 관점에서 필요한 단속'을 목적으로 하는 이 법률에서는 동(同)법 시행령 제40조의 9에 MSDS의 제공이 의무화되어 있다. 독극물 영업자가 독극물을 판매·수여할 때는 양수인에게 해당 독극물의 성상 및 취급에 관한 정보를 제공해야 한다. 제공해야 하는 정보의 내용은 후생노동성령(독물 및 극물 단속법 시행규칙 제13조의 11)에 다음과 같이 정해져 있다.

① 정보를 제공하는 독극물 영업자의 성명 및 주소(법인의 경우에는 그 명칭 및 주요 사무실 소재지), ② 독물 또는 극물의 구별, ③ 명칭 및 성분 그리고 그 함량, ④ 응급조치, ⑤ 화재 시의 조치, ⑥ 누출 시의 조치, ⑦ 취급 및 보관상의 주의, ⑧ 노출 방지 및 보호를 위한 조치, ⑨ 물리적 및 화학적 성질, ⑩ 안정성 및 반응성, ⑪ 독성에 관한 정보, ⑫ 폐기상의 주의, ⑬ 수송상의 주의

또한 독물 및 극물은 독물 및 극물단속법 제2조 및 독물 및 극물 지정령 제1조, 제2조에 정해져 있다.

(4) MSDS의 양식(일본공업규격 JIS Z 7250:2005)[2]

일본에서 MSDS의 제공은 위에 서술한 바와 같이 세 가지의 법률

에 근거하여 각각 규정되고 있다. 그 때문에 각 법률로 규정되어 있는 MSDS에 기재해야 할 내용은 조금씩 다르다. 그러나 일본공업규격 JIS Z 7250:2005에 준하여 MSDS를 작성하면 각 법률의 요구를 만족시킬 수 있다. JIS Z 7250:2005는 MSDS의 기재양식에 관한 국제규격(ISO 11014-1:1994)을 번역한 JIS Z 7250:2000을 GHS(화학품의 분류 및 표시에 관한 세계 조화 시스템, (5) 참조)에 대응하기 위해 개정한 것1)이다. 이 때문에 세계적 동향까지 감안하여 이 규격에 근거한 MSDS를 작성·제공하도록 권장하고 있다. JIS Z 7250:2005에 규격화되어 있는 MSDS 기재내용은 아래의 16개 항목과 같다. 화학물질을 사용하기에 앞서 각 항목의 기재내용을 잘 파악함으로써 오사용 등으로 인한 사고의 발생·확대 리스크를 줄일 수 있을 것이다.

① 화학물질 및 회사정보

이 항목에는 화학물질 등의 명칭, 회사명, 주소, 전화번호 등 가장 기본적인 정보가 기재되어 있다. 그 외에 긴급연락 전화번호나 필요에 따라 권장되는 용도 및 사용상의 제한 등이 기재되는 경우도 있다.

② 위험유해성의 요약

이 항목에서는 중요한 위험유해성, 사람이나 환경에 대한 악영향 등 명확하고 간결한 요약을 볼 수 있다. GHS분류((5) 참조)에 해당할 경우에는 그 분류, 그림 표시 또는 심벌, 주의 환기 문구, 위험유해성 정보 및 주의사항이 기재된다. 그림 표시 등의 세부사항은 (5)에 기재한다.

③ 조성 및 성분정보

이 항목에는 MSDS의 대상이 되는 물질의 화학명 또는 일반명이 기재되어 있다. CAS번호나 구별명칭이 있을 경우에는 그것들도 기재하는 경우가 많다. GHS분류에 입각하여 위험유해성이 있다고 판단되는 경우에는 분류에 기여하는 모든 불순물이나 첨가물들까지 포함하여 화학명 또는 일반명 및 농도 또는 농도범위에 관한 정보를 제공할 수 있다. 혼합물의 경우, GHS분류에 근거하여 위험유해성이 있다고 판단되는 동시에 GHS의 컷오프 값(어떤 일정 농도 이하라면 그 유해성을 고려하지 않아도 좋은 값) 또는 농도한계 이상에서 존재하는 모든 위험유해성분이 기재되어 있다.

④ 응급조치

이 항목에는 필요에 따라 취해야 할 응급조치, 절대 피해야 할 행동이 기재되어 있기 때문에 이것들을 잘 파악해 두어야 한다. 내용에는 흡입했을 경우, 피부에 묻었을 경우, 눈에 들어갔을 경우 및 삼켰을 경우 등에 대해 이해하기 쉽게 기재되어 있다. 그 외에, 예상되는 급성 증상 및 지발성 증상, 가장 중요한 징후 및 증상에 관한 간결한 정보가 기재되어 있는 경우도 있다. 또한, 경우에 따라서는 응급조치를 하는 사람이나 의사가 주의해야 할 특별한 사항이 기재되어 있다.

⑤ 화재 시의 조치

이 항목에는 적절한 소화약제 및 사용해서는 안 되는 소화약제에 관한 정보가 기재되어 있어 '④ 응급조치'와 병행하여 숙지해야 할 사항이다. 화재 시의 조치에 관한 특유한 위험유해성, 특유한 소화방법, 불을 끄는 사람을 보호할 수 있는 정보도 여기에 기재하고 있다.

⑥ 누출시의 조치

이 항목에는 누출시의 조치에 관한 다음의 정보가 기재되어 있다.

- 인체에 대한 주의사항, 보호구 및 긴급시의 조치
- 환경에 대한 주의사항
- 회수, 중화, 봉입 및 정화 방법 및 기자재
- (가능한 경우에는) 2차 재해의 방지대책

⑦ 취급 및 보관상의 주의

이 항목에서는 '취급'과 '보관'으로 구분하여 작업환경을 정기적으로 점검할 때 참고해야 할 사항들을 제시하고 있다.

- 취급

이 항목에서는 화재나 폭발 방지 등의 기술적 대책, 국소 배기·전체 배기, 에어로졸의 발생 방지 등 주의사항이 기재되어 있다. 또한 혼합해서는 안 되는 물질과 접촉을 피해야 하는 등의 안전취급 주의사항에 대한 정보가 기재되어 있다.

- 보관

이 항목에서는 안전한 보관에 관한 기술적 대책, 적절한 보관조건이나 피해야 할 보관조건에 대해 기재하고 있다. 또한 혼합접촉 금지 물질, 안전한 용기포장 재료에 관한 정보를 제공하고 있다.

⑧ 노출 방지 및 보호조치

이 항목은 권장 보호구에 대해 기재하고 있다. 보호구는 호흡기 보호구, 손 보호구, 눈 보호구, 피부 및 신체의 보호구와 같이 분류해서 기재하는 경우가 많다. 또한 앞의 항목('⑦ 취급 및 보관상의 주의')의 정보를 보충하는 것으로서 허용농도 혹은 노출 한계치, 노출 경감을 위한 설비대책에 대해 기재하고 있다.

⑨ 물리적 및 화학적 성질

이 항목에는 화학물질 등의 외관(물리적 상태, 형상, 색 등), 냄새, pH, 융점·응고점, 비점, 초류점(첫 멈춤점) 및 비등범위, 인화점, 연소 또는 폭발범위의 상한·하한, 증기압, 증기밀도, 비중, 용해도, n-옥타놀/수분배계수, 자연발화 온도, 분해온도 등이 기재되어 있다. 또한 냄새의 한계값, 증발속도, 연소성, 그 외의 데이터에 대해서도 기재되어 있어, 여기서 기본적인 물성을 알 수 있다.

⑩ 안정성 및 반응성

이 항목에는 화학물질 등의 안정성과 위험유해 반응 가능성이 기재되어 있다. 여기에서는 피해야 할 조건(진동, 충격 등), 혼합접촉 위험물질, 위험 유해한 분해 생성물에 대한 정보까지 포함하여 기재하고 있다.

⑪ 유해성 정보

이 항목에는 취급자가 화학물질 등에 노출·접촉했을 경우에 생기는 각종의 유해영향이 기재되어 있다. 이것은 '② 위험 유해성의 요약'의 근거가 되는 데이터로서 유해성에는 다음의 사항이 해당된다.1)3)

• 급성 독성

입 또는 피부를 통한 물질의 단회 투여 혹은 24시간 이내의 복수 투여 내지는 4시간 동안 흡입 노출에 의해서 생기는 유해한 영향

• 피부 부식성·자극성

피부 부식성은 피부에 대한 비가역적인 조직 손상을 일으키는 것이고, 피부 자극성은 어떤 물질에 피부가 4시간 이내로 노출 또는 접촉하여 피부에 대한 가역적인 손상을 일으키는 것을 말한다.

• 눈에 대한 중대한 손상·자극성

눈에 대한 중대한 손상은 눈 표면에 시험물질이 묻어 눈의 조직이 손상되거나 시력이 심각하게 저하되어 묻은 지 21일 이내에 완전히 회복되지 못하는 것을 말한다. 눈 자극성은 눈의 표면에 시험물질이 묻어 눈에 변화는 주었지만 묻은 지 21일 이내에 완전하게 회복되는 경우를 말한다.

• 호흡기 감작성 또는 피부 감작성

호흡기 감작성은 물질을 흡입하여 기도에 과민반응을 일으키는 것을 말한다. 피부 감작성은 물질이 피부에 접촉하여 알레르기 반응을 일으키는 것을 말한다.

• 생식세포 변이원성

다음 세대에게 계승될 가능성이 있는 돌연변이를 유발하는 작용

• 발암성

정상세포를 암세포로 만드는 작용

• 생식 독성

화학물질 등이 생체에서 생식과정에 모종의 악영향을 미치는 작용

• 특정 표적 장기·전신 독성 – 1회성 노출

1회의 노출에 의해 특정 장기 혹은 전신적에 발생하는 유해작용

• 특정 표적 장기·전신 독성 – 반복 노출

반복 노출로 인해 특정 장기 혹은 전신에 발생하는 유해작용

• 흡인성 호흡기 유해성

액체 혹은 고체의 화학물질이 입이나 코를 통해 직접적으로 또는 호흡에 의해 간접적으로 기관 및 기도에 침입함으로써 화학 폐렴이나 다양한 정도의 폐 손상, 또는 사망과 같은 위독한 영향을 초래하는 작용

⑫ 환경영향 정보

이 항목에는 발생 가능한 환경영향·생태 독성, 잔류성·분해성, 생체 축적성, 토양 중 이동성에 관한 정보가 기재되어 있다.

⑬ 폐기상의 주의

이 항목에는 잔여 폐기물, 오염용기 및 포장을 안전하고 환경적으로 폐기하기 위한 권장방법이 기재되어 있다.

⑭ 수송상의 주의

이 항목에는 수송에 관한 국제규제 코드 및 분류에 관한 정보 등이 기재되어 있다. 또한 해당되는 경우에는 유엔 번호, 품명, 유엔 분류(수송에 있어서의 위험 유해성 정도), 용기 등급, 해양 오염물질(해당 유·무), 사용자가 수송에 관련하여 알 필요가 있거나 따를 필요가 있는 특별한 안전대책이 기재되어 있다.

⑮ 적용 법령

이 항목에는 화학물질 등에 적용되는 법령의 명칭이 기재되어 있다.

⑯ 기타 정보

여기서는 안전상 중요하지만 위의 항목과 직접 관계가 없었던 정보가 기재되어 있다. 예를 들면, 특정훈련의 필요성, 참고문헌 등이다.

(5) GHS(화학품 분류 및 표시에 관한 세계 조화 시스템)

화학품의 분류 및 표시에 관한 세계 조화 시스템(GHS : Globally Harmonized System of Classification and Labeling of Chemicals)은 화학물질 등에 관한 위험 유해성의 종류와 정도를 세계적으로 공통된 방법으로 분류해(시각적으로도) 알기 쉬운 정보로 표시하는 시스템이다. 2003년에 유엔 권고로 채택되었다.

일본에서도 2005년 노동안전위생법 개정 등, GHS에 대응한 제도의 도입이 추진되고 있다. 서술한 바와 같이 MSDS의 기재양식에 관한 규격 JIS Z 7250:2005에서도 GHS에 대해 규정하고 있어 GHS 분류에 근거한 MSDS를 작성하게 되어 있다. 여기서 GHS 분류는 화학물질의 위험 유해성(물리화학적 위험성, 건강 유해성 및 환경 유해성)에 관한 세계적으로 통일된 판단기준에 의한 분류다. (4)에서 기재한 MSDS의 16개 항목의 내용 가운데, '② 위험 유해성의 요약'에는 이 GHS 분류결과 요약이 기재되어 있다. GHS에서 위험 유해성의 분류결과를 가장 알기 쉽게 시각적으로 나타내고 있는 그림 표시가 의미하는 바를 종류별로 아래와 같이 정리하고 있다[1][4][5]. 이미지를 통하여 화학물질 위험 유해성의 요점을 파악할 수 있게 하였다.

- • '불길'을 심벌로 하는 그림 표시

  [의미]
  - 공기, 열이나 불꽃에 노출되면 발화되는 것

  [기본적인 사고예방 대책]
  - 열, 불꽃, 라화(裸火, 덮개가 없는 불, 담뱃불, 가스불 등) 등의 발화원으로부터 멀리한다.

  - 공기에 접촉시키지 않는다.(자연발화성 물질)
  - 보호장갑, 보호복 및 보호안경/보호면을 착용한다.
  * 그 외, MSDS에 기재된 주의설명서에 따른 취급

  [이 그림 표시가 나타내는 위험 유해성과 구분]*
  가연성/인화성 가스(구분 1), 가연성·인화성 에어로졸(구분 1~2), 인화성 액체(구분 1~3), 가연성 고체(구분1~2), 자기 반응성 화학품(형식 B~F), 자연발화성 액체(구분 1), 자연발화성 고체(구분 1), 자기 발열성 화학품(구분 1~2),

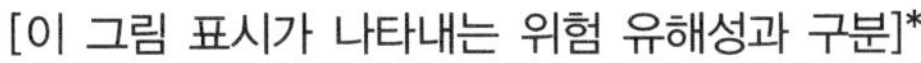

---

* 「화학물질의 분류·표시 및 물질안전보전자료에 관한 기준」(고용노동부 고시 제2012-14호, 2012.1.26)[별표2] 경고표시의 기재 참조.

물 반응 가연성 화학품(구분 1~3), 유기 과산화물(형식 B~F)

- '원모양의 불'을 심벌로 하는 그림 표시

  [의미]
  - 다른 물질의 연소를 조장하는 것

  [기본적인 사고예방 대책]
  - 열로부터 멀리한다.
  - 가연물로부터 멀리한다.
  - 보호장갑, 보호복 및 보호안경/보호면을 착용한다.
  * 기타 MSDS에 기재된 주의설명서에 따른 취급

  [이 그림 표시가 나타내는 위험 유해성과 구분]
  지연성(조연성)/산화성 가스(구분1), 산화성 액체(구분1~3), 산화성 고체(구분1~3)

- '폭탄의 폭발'을 심벌로 하는 그림 표시

  [의미]
  - 열이나 불꽃 등에 노출되면 폭발할 가능성이 있는 것

  [기본적인 사고예방 대책]
  - 열, 불꽃, 담뱃불이나 가스불 등의 발화원으로부터 멀리한다.
  - 보호장갑, 보호복 및 보호안경/보호면을 착용한다.
  * 기타 MSDS에 기재된 주의설명서에 따른 취급

  [이 그림 표시가 나타내는 위험 유해성과 구분]
  화약류(불안정 폭발물, 등급 1.1~1.4), 자기반응성 화학품(형식 A, B), 유기과산화물(형식 A, B)

- '부식성'을 심벌로 하는 그림 표시

  [의미]

  - 접촉한 금속 또는 피부 등을 손상시키는 경우가 있는 것

  [기본적인 사고예방 대책]
  - 다른 용기로 바꾸어 옮기지 않는다.(금속 부식성 물질)
  - 분진이나 증기를 흡입하지 않는다.

- 사용 후에는 손을 잘 씻는다.
- 보호장갑, 보호복 및 보호안경/보호면을 착용한다.
* 기타 MSDS에 기재된 주의설명서에 따른 취급

[이 그림 표시가 나타내는 위험 유해성과 구분]
금속 부식성 물질(구분 1), 피부 부식성/자극성(구분 1A, 1B, 1C), 눈에 대한 심각한 손상성/자극성(구분 1)

- '가스봄베'를 심벌로 하는 그림 표시

[의미]
- 가스가 압축 또는 액화 충전되어 있는 것
- 뜨거워지면 팽창하여 폭발할 가능성이 있다.

[기본적인 사고예방 대책]
- 환기가 잘 되는 곳에 보관한다.
- 내열장갑, 보호복 및 보호안경/보호면을 착용한다.
* 기타 MSDS에 기재된 주의설명서에 따른 취급

[이 그림 표시가 나타내는 위험 유해성과 구분]
고압가스(압축가스, 액화가스, 용해가스, 극저온 액화가스)

- '해골'을 심벌로 하는 그림 표시

[의미]
- 마시거나 만지거나 흡입하면 급성적인 건강장해를 일으키는 경우가 있는 것. 사망에 이르는 경우도 있다.

[기본적인 사고예방 대책]
- 사용 시에는 음식을 먹거나 담배를 피우지 않는다.
- 사용 후에는 손을 자주 씻는다.
- 눈, 피부 또는 의류에 묻히지 않는다.
- 보호장갑, 보호복 및 보호안경/보호면을 착용한다.
* 기타 MSDS에 기재된 주의설명서에 따른 취급

[이 그림 표시가 나타내는 위험 유해성과 구분]
급성 독성－경구(구분 1~3), 급성 독성－피부접촉(구분 1~ 3), 급성 독성－흡입(구분 1~3)

- '느낌표'를 심벌로 하는 그림 표시

[의미]
- 건강 유해성이 있지만 그 정도가 비교적 높지 않은 것

[기본적인 사고예방 대책]
* 건강 유해성이 있는지를 확인하고, MSDS 등에 기재된 주의설명서에 따른 취급

[이 그림 표시가 나타내는 위험 유해성과 구분]
급성 독성-경구(구분 4), 급성 독성-피부접촉(구분 4), 급성 독성-흡입(구분 4), 피부 부식성/자극성(구분 2), 눈에 대한 심각한 손상성/자극성(구분 2A), 피부 감작성(구분 1), 특정 표적 장기/전신 독성-1회성 노출(구분 3)

- '환경'을 심벌로 하는 그림 표시

[의미]
- 환경에 방출하면 수생생물 및 주위의 생태계에 악영향을 미치는 경우가 있는 것

[기본적인 사고예방 대책]
- 환경에 방출을 피한다.
* 기타 MSDS에 기재된 주의설명서에 따른 취급

[이 그림 표시가 나타내는 위험 유해성과 구분]
수생 환경-급성 유해성(구분 1), 수생 환경-만성 유해성(구분 1~2)

- '건강 유해성'을 심벌로 하는 그림 표시

[의미]
- 단기 또는 장기에 걸쳐 마시거나 만지거나 흡입할 때에 건강장해를 일으키는 경우가 있는 것

[기본적인 사고예방 대책]
- 사용 시에는 음식을 먹거나 담배를 피우지 않는다.
- 사용 후에는 손을 잘 씻는다.

- 분진이나 증기 등을 흡입하지 않는다.
- 권장 보호구를 착용한다.
* 기타 MSDS에 기재된 주의설명서에 따른 취급

[이 그림 표시가 나타내는 위험 유해성과 구분]
호흡기 감작성(구분 1), 생식 세포 변이원성(구분 1~2), 발암성(구분 1~2), 생식 독성(구분 1~2), 특정 표적 장기/전신 독성−1회성 노출(구분 1~2), 특정 표적 장기/전신 독성−반복 노출(구분 1~2), 흡인성 호흡기 유해성(구분 1~2)

(6) 향후의 과제

MSDS는 화학물질의 취급에 관한 주의사항 등을 종합적으로 정리한 것이다. 이는 화학물질의 안전관리에 효과적인 하나의 툴로서 향후 더욱 더 중요한 역할을 할 것으로 기대되고 있으나 현재 상황에서는 몇 가지 문제점이 우려된다.

첫째는 정보의 문제이다. 예를 들면, 관리농도가 아직 설정되지 않았는데도 불구하고 '미설정'이라고 기입되지 않고 공란으로 되어 있거나 수치가 기입되어 있는 등의 미비점이 있다. 이것들은 MSDS 기재내용을 재검토함으로써 하나하나 개선해 나갈 필요가 있다. GHS는 각국의 위험 유해성 표시 및 판정기준의 차이를 없애는 것을 목표로 하고 있지만, 아직 각국에서 사용하고 있는 방법이 완전하게 통일되어 있지 못한 것이 현실이다. 각국이 호응하여 GHS에 대한 통일을 추진해 나가는 것도 향후의 과제이다. 그 외에 화학물질의 위험 유해성에 대해서 향후 새로운 정보가 보고될 가능성이 있기 때문에 그 정보에 근거해서 MSDS가 갱신되었을 경우 즉각 대응할 필요가 있다.

또, 운용의 문제도 들 수 있다. 아무리 뛰어난 제도라 할지라도 그것을 운용하는 것은 사람이다. MSDS의 제공이나 기계적인 내용의 주지를 통해서는 본래의 효과는 기대할 수 없다. 즉, MSDS에 의해서 얻을 수 있는 정보를 어떻게 효과적으로 활용할 수 있을지가 안전·안심을 실현하기 위한 핵심요소이다.

법률에 기록되어 있기 때문에 어쩔 수 없다는 의식으로 MSDS 제도를 유명무실화시키는 일 없이, '안전한 환경을 형성한다' 혹은 '자신이나 동료의 몸을 지킨다'는 의식을 갖고 활용하는 것이 중요할 것이다. 그리고 정기적으로 MSDS를 재확인하고, 화학물질 취급 상황을 재검토를 하는 등, 보다 안전한 환경의 실현을 위한 끊임없는 노력이 필요하다. 그러기 위해서는 화학물질을 다루는 현장에서 위험 유해성에 관한 교육이나 긴급시의 훈련 등이 대단히 중요하다.

화학물질에 의한 사고 등이 끊이지 않고 있는 지금, MSDS를 효율적으로 활용하여 보다 안전한 사회가 형성되기를 기대한다.

5.3 고분자 재료의 안전성

5.1에 서술한 재료를 우리 주위에서 사용할 때, 역학물성, 전기물성 및 광물성 등 용도에 맞는 물성을 충족시키는 것은 물론, 이와 병행해서 안전성도 지켜야 한다. 여기에서는 고분자 재료의 내피로성, 내약품성, 내열성 및 난연성에 대해 설명한다.

(1) 파괴와 내피로성

재료에 외부의 힘을 가하면 변형이 생기고 결국에는 파괴에 이른다. 외부의 힘(반복 변형도 포함한다)에 대한 변형의 정도나 파괴에 필요한 에너지(바꾸어 말하면 강도) 등의 역학적 성질은 재료의 물리적 성질

중 하나임과 동시에, 실용적으로 사용할 때 가장 기본적인 물성이다. 이러한 물성을 정확하게 파악하지 않으면 안전하게 사용할 수 없다. 여기에서는 고분자 재료의 내피로성에 관해서 '플라스틱 재료'와 '고무 재료'로 구분하여 설명한다.

① 플라스틱 재료의 파괴와 내피로성

플라스틱 재료에 변형을 가하면 결국은 부서진다. 일반적으로 이 파괴 동작은 취성파괴(brittle fracture)와 연성파괴(ductile fracture)로 구별된다. 이러한 파괴양식은 절단항복과 관입생성의 두 가지 중 어느 쪽이 지배적일지에 의해 결정된다. 그림 5.1은 고분자 시험체의 (a) 취성파괴 및 (b) 연성파괴 후의 인장력 시험시료 모식도이다. 일반적으로 취성파괴에서는 파괴에 의한 왜곡은 작고, 파단면은 변형 방향을 따라 늘어지지만, 연성파괴에서는 파괴에 의한 왜곡이 크고, 파단면에 소성변형이 뚜렷하다. 유리상태의 고분자에서 자주 관찰되는 취성파괴에서는 관입생성이 지배적이기 때문에 파단면은 비교적 매끄러운 균열이 이어지는 특징을 보인다. 한편, 연성파괴에서는 파괴에 앞서 절단응력에 의해 항복이 일어나 소성변형이 진행되므로 파단면이 평활하지 않다. 파단면을 형태학적으로 관찰하는 것은 사고에서 어떻게 재료를 파괴했는지에 대한 유용한 정보를 주기 때문에 그 평가는 매우 중요하다.

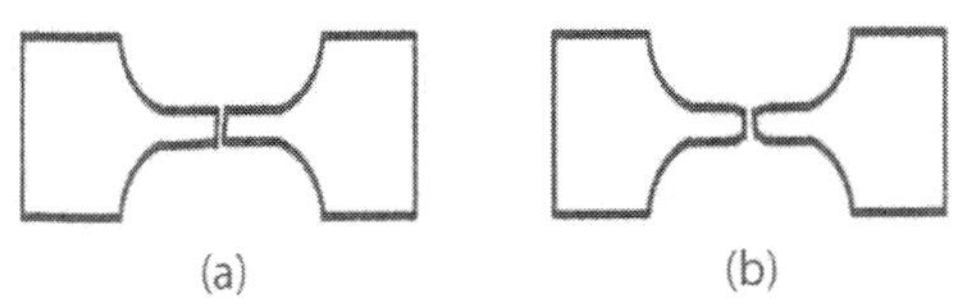

그림 5.1 (a) 취성파괴 및 (b) 연성파괴 후 인장시험시료 모식도

이러한 파괴양식을 결정하는 지배적인 요인은 재료적 특성과 시험조건이 있다. 먼저 재료의 특성으로는

   1. 플라스틱 재료의 결정성

   2. 고분자고리의 굴곡성

   3. 융점(T_m) 및 유리 전이 온도(T_g)의 관계

그리고, 측정조건은

   1. 측정온도

   2. 변형속도

등을 들 수 있다. 고분자고리의 굴곡성이 높으면 연성적인 파괴가 진행되는 경향이 나타나지만, 측정온도가 T_g에 따라서 분자고리가 움직이기 쉬운 고무상태인지 혹은 분자 운동이 동결되어 있는 유리 상태일지가 결정되므로 이 요인들은 복잡하게 서로 얽혀 있다(고분자의 융점(T_m) 및 유리 전이 온도(T_g)에 대해서는 책을 참조했으면 한다[7]). 또한, 측정조건 요인인 온도와 변형속도는 유동학(rheology) 분야와 깊은 관계가 있다. 이 요인들에 근거하여 일반화하면, 파괴양식은 고온, 저속변형의 경우에 연성 파괴가 뚜렷하고 저온, 고속변형의 경우에는 취성 파괴가 현저하게 관측된다.

인장파괴는 위에서 서술한 바와 같지만, 압축의 경우 파괴 거동은 인장과는 크게 다르다. 예를 들면, 폴리스티렌과 같은 유리상태의 고분자는 실온에서의 인장변형에 대해서는 취성 파괴를 나타내지만(폴리스티렌의 T_g는 100℃이며, 실온에서는 유리상태이다), 압축변형에 대해서는 명확한 절단 항복을 나타내는 것으로 알려져 있다.

다음은 플라스틱 재료의 내피로성에 대해 설명하고자 한다. 플라스틱 재료의 내피로성은 파괴특성과 밀접하게 관련되어 있다. 여기에서 피로란 항복응력 혹은 파단응력 이하의 응력 또는 그 응력에 대응하는 변형을 '반복하여' 가함으로써, 재료의 구조나 물성의 변

화를 거쳐 결국은 파단에 이르는 현상을 가리킨다.

한편, 플라스틱 재료는 점탄성을 나타내는데, 이 점탄성은 탄성과 점성이 합쳐져 나타나는 성질이다. 따라서 탄성의 기여가 지배적인 금속재료 등과 비교하면 플라스틱 재료의 역학물성은 대단히 복잡하다. 금속재료의 피로특성에 대해서는 그 동안 응력(S)−반복변형 회수(N) 곡선 측정에 대한 연구가 진행되었고 플라스틱 재료에 있어서도 동일한 S−N을 이용한 피로특성 평가가 이루어지고 있다. 그렇지만 플라스틱 재료의 경우, 점탄성적인 이력(hysteresis) 손실로 인해 열이 발생하여 시료의 온도를 뚜렷이 상승시킨다. 이는 S−N을 응용한 평가에서 고분자의 피로 거동을 정확하게 평가하는 것을 어렵게 한다. 이 때문에 다카하라(高原) 씨 등은 폴리에틸렌(PE)의 동적 저장 탄성률(E'), 손실 정점(tanδ) 및 표면 온도를 여러 가지 동적 왜곡 진폭의 조건아래에서 동시 측정하고 파괴양식을 평가했다[8]. 그 결과, 왜곡 정도가 낮은 조건에서는 표면 온도의 상승은 대부분 일어나지 않고(5℃ 이하) 취성 파괴에 이르는 것에 비하여, 왜곡 정도가 높은 조건에서는 표면온도가 현저히 상승했기 때문에(20℃ 정도) 짧은 피로수명으로 연성 파괴에 이르는 것을 밝혀냈다. 이와 같이, 플라스틱 재료의 경우, 동일한 재료라 할지라도 외력이 더해지는 방법에 따라 내부 온도가 변화되고 파괴양식이 현저하게 다른 경우도 있다.

② 고무 재료의 피로파괴 프로세스

고무 재료는 플라스틱 재료와는 달리 응력을 가하면 큰 변형을 나타내고 응력을 제거하면 원래의 형상으로 회복되는 특징을 가지고 있다. 이러한 성질은

1. 고무 재료를 구성하는 고분자고리의 유리 전이온도가 사용온

도보다 충분히 낮은 것(분자고리는 고무상태에서 분자운동이 활발)

2. 1.의 조건을 만족하는 고분자고리가 가교점을 통해 결합되어 전체적으로 그물코 구조를 가지는 것

으로 인해 나타난다.

그림 5.2는 미신장 및 신장 시, 고무 재료의 분자고리 모식도다. 그림 5.2 (b)는 상하 방향으로 당겼을 때 분자고리의 모식도로서, 당김을 멈추면 그림 5.2 (a)와 같이 원래 상태를 회복한다. 고무 재료는 이와 같이 특이한 성질을 가지고 있기 때문에 고무 재료를 구성하는 원소는 플라스틱과 유사하지만, 파괴 메커니즘은 크게 다르다. 아래에 고무 재료의 피로파괴 메커니즘 과정을 설명한다.[9][10]

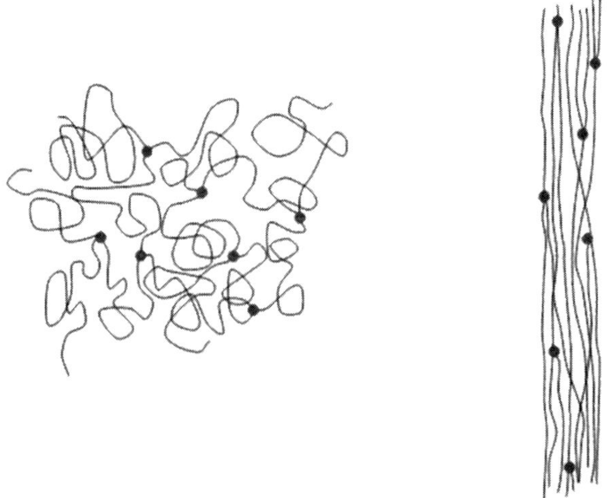

그림 5.2   (a) 미신장시 및 (b) 신장시 고무재료의 분자고리 모식도
(그림에서 선은 고분자고리, 점은 화학 가교점)

• **분자고리의 배치 변화**

고무 재료에 응력을 가하면 고무 재료 내 분자의 주요 고리(주로

C-C결합)는 잡아당긴 방향으로 늘어져 배열된다. 이 과정은 분자고리 간의 미끄러짐, 분리 그리고 재배열을 수반하며 진행된다.

• 분자고리의 절단

원래의 랜덤 코일 상태로부터 분자고리의 길이까지 분자고리가 신장되면(그림 5.2 참조) 주고리 화학결합의 결합각이 변화하는 에너지 탄성영역에 들어간다. 응력이 이 에너지 탄성을 초과하면 분자고리가 절단된다. 고무 재료 내의 그물망 고리 구조가 이상적이고 가교점간 분자량이 모두 같을 경우에는 파단응력도 지극히 높은 값을 나타내 주요 고리는 한 번에 절단되지만, 실제의 연결 내에서는 가교점간 분자량의 분포, 분자고리 끼리의 얽힘, 부분 결정화, 충전재의 존재 등에 의해 일반적으로 주고리의 절단은 국소적으로 일어나기 시작한다. 국소적인 분자고리의 절단이 생기면 인접하는 분자고리가 대신 응력을 부담하기 때문에 분자고리의 절단은 주위에 전파되고, 결과적으로 미세공간(micro voids)을 형성하게 된다. 이러한 미세공간의 형성은 특히 충전재 등의 이물질이나 빈 공간(空孔) 등의 주변에 발생하는 응력 집중점 부근에서 일어나기 쉽다.

미세공간으로부터 매크로 크랙의 형성

연결 내에 발생한 무수한 미세공간 가운데, 임계의 크기 C_0(그리피스 크랙)로 성장한 것은 마이크로 크랙이 된다. C_0의 크기에 도달하지 않았던 미세공간은 파괴와 관계없이 그대로 남아 있든가 소멸된다. 젠트(Gent) 등[11]은 고무 중에 존재하는 구(球) 형태 미세공간의 반경이 증가할 때의 팽창압을 시료의 탄성률과 신장비를 이용해 보여주었다. 그 결과, 신장비의 증가에 따라 팽창압이 일정치를 넘으면 미세공간의 반경은 무한대로 성장해 마이크로 크랙에서 매크로 크랙으로 성장한다는 사실을 밝혔다. 마이크로 크랙은 비가역적으로

성장을 계속하며 그 중 가장 큰 것이 매크로 크랙이 된다.

• 파괴

위에서 설명한 바와 같이 형성된 매크로 크랙은 거시적으로 첨단 부분의 최대 주 응력점을 따라가면서 인장 방향으로 직교하며 전진한다. 후카호리(Fukahori) 등12)은 미시적으로 보면 매크로 크랙은 첨단 부분에 형성되는 응력장 내에서 확장된 마이크로 크랙과 결합하여 파단 진행면에 요철을 형성하고 최종적으로 전체 파단에 이른다는 사실을 밝혔다. 매크로 크랙과 마이크로 크랙의 결합 때문에 고무 재료는 다른 재료와 비교할 때 파단면의 요철이 심해진다.

(2) 내약품성

고분자 재료는 전반적으로 내약품성이 높아, 각종 약품 보존용기나 식료품 보존용 깡통 등의 내부 코딩재로 이용되고 있다. 내약품성을 결정하는 요인으로는, 재료적 관점에서 보면 화학구조(결합의 종류 등), 분자량, 결정성, 분기(分岐) 정도 또는 온도 등을 들 수 있고, 보존물의 관점에서는 산·알칼리, 유기용제 등의 종류를 들 수 있다. 이와 같은 물질의 특성은 종종 부상이나 사고의 원인이 되므로 내용물에 맞는 용기를 선정해야 한다. 여기서는 재료의 관점에서 내약품성에 대한 영향을 설명한다.13)

① 화학구조

고분자 재료를 형성하는 결합은 여러 가지가 있는데, 각각 아래와 같은 특징을 가지고 있다.

• 탄화수소(하이드로 카본)

가장 많은 고분자의 결합으로, 탄소 단결합(C-C)으로 이루어진다. 폴리에틸렌 등은 많은 약품에 대한 내구성이 높지만, 측면 고리에 폴리프로필렌과 같은 메틸기나 폴리스티렌의 페닐기(벤젠고리)를 가질 경우에는 산화제 등에 대한 내구성이 저하한다. 이러한 고분자 재료에서는 흡수성도 조금 높아진다.

• 에테르 결합

위에 서술한 C−C결합 다음으로 에테르 결합은 약품에 대해서는 안정적이지만 산화성 산에 대해서는 다소 취약하다. 널리 쓰이는 고분자 재료로는 폴리아세탈이나 폴리페닐렌 에테르가 있다.

• 에스테르 결합

에스테르 결합은 물에 의한 가수분해 반응이 생기기 때문에 산이나 알칼리에 대한 저항성이 낮다. 약 20년 전부터 음료용기로 널리 사용하고 있는 폴리에틸렌 테레프탈레이트(PET) 병(페트병)은 에스테르기를 갖지만 고온(160℃ 부근)까지 상승하지 않으면 가수분해 반응이 일어나지 않아 음료용기로 사용되고 있다.

• 우레탄 결합

에스테르 결합과 마찬가지로 물에 의한 가수분해 반응이 생겨 산이나 알칼리에 대한 저항성은 낮다. 특히 가열 환경에서는 가수분해 반응이 촉진되기 때문에 사용 환경을 고려할 필요가 있다.

• 할로겐 측쇄

탄화수소의 C−H결합을 불소 등 할로겐(C−F결합)으로 치환하면 내약품성은 뚜렷하게 높아진다. 대표적으로 폴리테트라 플루오로에틸렌이 있으며 이 고분자 재료는 대부분의 약품에 의해 영향을 받지 않는다.

② 분자량, 결정성 및 분기도

일반적으로 고분자 재료의 용제에 대한 용해성은 분자량이 저하되면 상승하기 때문에 내약품성을 향상시키기 위해서는 분자량이 높은 고분자 재료를 사용하는 것이 바람직하다. 그렇지만 분자량이 높은 고분자 재료는 성형성이 좋지 않기 때문에 실용적인 면에서 양자의 타협점을 고려하여야 한다. 또한 고분자 재료의 결정성도 내약품성과 관련이 있다. 고분자 재료는 끈 상태(선형)의 구조를 가지고 있어 결정화에 방해가 되기 때문에 다른 재료와 비교하여 비결정 상태를 취하는 경우가 많다. 결정 상태와 비결정 상태의 존재비율은 열을 조절함으로써 제어할 수 있다. 따라서 같은 재료에 대해서도 열을 조절함으로써 결정성이 높은 상태나 낮은 상태를 만들어 낼 수 있다. 결정성이 높으면 용매의 침입을 막을 수 있어서 내약품성이 높아진다. 또한 결정화는 재료의 탄성률이나 빛의 투과율과도 밀접한 관계가 있기 때문에 실용적 면에서 이에 대한 고려는 필수 불가결하다.

분기도는 위에서 서술한 결정성에 큰 영향을 미친다. 예를 들어, 분기도가 높아지면 결정화를 방해하여 이를 억제할 수 있다. 또한, 분기구조는 나노 수준의 공극 형성과 관련되어 있어 용매의 침입을 촉진하기 때문에 내약품성을 저하시킨다. 고분자 재료를 합성하는 데에 바람직하지 않은 분기구조가 포함되는 것이다. 이 때문에 고분자 재료의 합성단계에서 필요한 성질을 숙지할 필요가 있다.

(3) 난연성

고분자 재료는 다른 금속재료나 무기재료 등과 비교하면 불에 타기 쉬운 성질을 가지고 있기 때문에 안전을 위한 난연화 기술이 매우 중요하다. 특히 자동차 부품이나 PC·텔레비전 등의 전기제품 등에 사용할 때 난연성은 매우 중요하다. 일반적으로 연소의 3요소를 제거(1. 가연물의 제거, 2. 산소의 차단, 3. 열에너지의 제거)하면 연소를 막을 수 있다. 고분자의 경우는 연소의 3요소에 '과격 연쇄 반응을 정지시킨다'는 것까지 추가적으로 고려할 필요가 있다. 이렇게 고분자의 연소는 다양한 반응의 조합으로 이루어지지만, 아래의 사항들을 고려하여 난연화가 추진되어 왔다.

- 고분자 자체는 연소하지 않지만 열분해 등으로 발생한 가연성 저분자화합물이 연소한다.
- 고분자 재료의 연소는 고온으로 과격하게 진행하는 산화반응이다.

이에 따르면 고분자 재료에 난연성을 부여하는 방법은 난연 성분을 첨가하는 방법과 산화반응에 기여하는 성분(산화반응을 억제하는 성분)을 첨가하는 방법이 있다.

인 및 수산화물 계통은 난연성을 향상시키기 위해 첨가되는 성분이다. 인 계통은 첨가시 가교구조를 형성하는 것으로 알려져 있으며, 고온에서 고분자 상태를 유지하기 위해 사용되고 있다. 한편 수산화물 계통의 난연 재료로는 수산화마그네슘과 최근에는 유기-무기 하이브리드 재료의 충전재로 주목받고 있는 클레이의 난연 효과가 높은 것으로 밝혀졌다. 수산화물의 경우, 고온이 아니면 난연 효과가 나오기 어려워 다른 난연재와 함께 사용되기도 한다. 클레이의 경우는 판상구조이기 때문에 산소차단 능력까지 기대할 수 있다.

할로겐 계통의 난연재는 다이옥신이 발생할 가능성이 있기 때문에 주의해서 사용할 필요가 있다. 취소나 염소를 포함한 할로겐 계통 유기화합물을 첨가하면 $C-Br$이나 $C-Cl$가 쉽게 래디컬 반응을 생성하는 성질을 이용하여 산화반응을 정지시킬 수 있다.

일반적으로, 난연재의 첨가량은 재료 전체의 10wt% 전후로 첨가

되지만, 고분자 재료에 따라서는 20wt%의 첨가가 필요한 경우도 있다. 이러한 경우에는 고분자 재료의 본래 성질을 훼손할 가능성이 있어 신중히 조정할 필요가 있다.

(4) 내열성

고분자의 내열성에는 다양한 분류가 존재하지만, 그 중 한 예로서 화학적 및 물리적 관점으로 분류할 수 있다. 화학적 내열성은 내연소성이나 열분해가 어려운 성질 등 열의 열화를 수반하는 현상을 나타내기 때문에 열중량측정(TG)이나 각종 내열시험을 이용하여 평가한다. 화학적 내열성은 분자구조 중 각각의 화학결합의 강도(화학결합 에너지)에 크게 의존한다. 그 때문에 화학결합의 강도가 강한 C—F결합을 갖는 불소수지나 Si—O 결합을 갖는 규소수지는 열분해 개시온도가 높아서 기타 플라스틱과 비교하여 매우 높은 화학적 내열성을 나타낸다.

물리적 내열성은 단기간 내열성(내열 연화성)과 장기간의 내열성으로 분류된다. 단기간 내열성이 높다는 것은 고온까지 역학적 특성이나 전기적 특성이 크게 변화하지 않는다는 것을 의미하며, 열변형 온도나 연화온도를 이용하여 평가한다. 구체적으로 유리전이온도(T_g)나 결정의 융점(T_m)이 높을수록 단기간 내열성이 높아서 열거동과 깊은 관련이 있는 것으로 생각된다(T_g나 T_m은 각각 비결정성 고분자(무정형 고분자) 및 결정성 고분자가 보여주는 연화에 관한 온도로서 이들 온도를 초과하면 일반적으로 고분자 재료는 연화된다). 한편 장기간 내열성은 일정온도에서 역학적 특성이나 전기적 특성의 유지 정도를 나타낸다. 장기간 내열성은 연속 사용온도 등을 이용하여 평가할 수 있다. 그 유지 정도를 평가하는 연속 사용온도는 일반적으로 위에서 서술한 T_g나 T_m보다 낮은 온도이며 전이온도까지는 도달하지 못하지만 장기간 높은 온도로 유지할 때 나타나는 특성변화이다.

단기간 내열성(예를 들면, 열변형 온도)과 장기간 내열성(예를 들면, 연속 사용 온도)간에 높은 상관성을 보여주는 고분자 재료가 많지만 불소수지의 대표인 폴리테트라플루오로에틸렌(PIFE) 처럼 열변형 온도는 낮지만 연속 사용온도가 높은 것도 있다. 또한 유리섬유로 강화된 플라스틱(섬유강화 플라스틱, Fiber Reinforced Plastic: FRP)의 경우에는, 특히 매트릭스 고분자가 결정성인 경우(예를 들면, 나일론 등), 열변형 온도 특성은 크게 향상되지만 연속 사용온도는 그다지 변화되지 않는다. 이것은 장기간의 내열성에 각각의 화학결합이나 FRP에 첨가되는 충전재와 매트릭스 고분자의 강한 계면 상호작용 등 화학적 내열성이 깊이 관련되어 있기 때문이다.

참고문헌

(1) 山口潤、池田良宏、田中和明、和田睦夫、半沢昌彦、今井弘: GHS対応MSDS・ラベル実務早わかり、社団法人産業環境管理協会, 2007

(2) 日本工業規格JIS Z 7250:2005, 化学物質等安全データシート(MSDS)ー第1部:内容及び項目の順序

(3) 環境・安全管理用語編集委員会編:化学物質　環境・安全管理用語事典　改訂第3版、化学工業日報社、2005

(4) United Nations Economic Commission for Europe Official Web Site, UNECE-GHS pictograms, http://www.unece.org/trans/danger/publi/ghs/ pictograms.html, (2009.12.25)

(5) 厚生労働省医薬食品局審査管理課化学物質安全対策室:GHS対応ラベル及び　MSDSの作成マニュアル~毒物・劇物のラベル作成者向け~、　http://www.nihs.go.jp/mhlw/ chemical/doku/GHSmanual.pdf、(2009年12月 25日確認)

(6) 労働省安全衛生部化学物質調査課編:改訂わかりやすい化学物質の危険有害性表示制度ー安全データシートの作り方・見方ー、中央労働災害防止協会、 2000

(7) 例えば, 岡村誠三ら:高分子化学序論 第2版、化学同人、1981

(8) A. Takahara, K. Yamada, T. Kashiyama, M. Takayanagi: J. Appl. Polym. Sci.. 26. pp.1085-1104. 1981

(9) 奥山通夫・糊谷信三・西敏夫・山口幸一編:ゴムの事典, 朝倉書店-, 2000

(10) 日本ゴム協会編:ゴム工業便覧 第四版、 1994

(11) A. N. Gent, P. B.Lindley: Proc. Roy. Soc.. A249. pp.195-208. 1956

(12) Y. Fukahori, E. H. Andrews:J. Mater. Sci.. 13. pp.777-785. 1978

(13) 大阪市立工業研究所・プラスチック読本編集委員会・プラスチック技術協会編:プラスチック読本 第19版、プラスチック・エージ、 2002

안전안심공학
응용편

제6장 공학기술을 활용한 재택간호의 안전·안심

제7장 인프라의 안전·안심

제8장 방재에 있어서의 안전·안심

제9장 나가사키의 안전·안심 −자연재해−

제 6 장

공학기술을 활용한 재택간호의 안전·안심

6.1 들어가는 말

나가사키 현(長崎県)은 일본의 가장 서쪽에 위치하고 있으며 리아스식 해안선을 갖고 있어서 항구로서의 양호하였다. 이 때문에 예전부터 해외로의 창구로서 역사의 무대에 등장하는 경우가 많았다. 오늘날도 나가사키는 역사적으로 입증된 독특한 풍광을 가진 관광지로 인기가 있다. 그러나 나가사키 시(長崎市)나 사세보 시(佐世保市)에서 볼 수 있는 급경사면에 분포한 경사면 주택지나 교통편이 매우 불편한 낙도에서의 생활은 고령화나 지역 과소화(過疎化)가 진전됨에 따라 여러 가지 문제점을 안고 있다.[1) 나가사키 대학 공학부에는 공학기술을 활용한 복지분야의 지원을 목적으로 하는 '테크노에이드 교육연구센터'가 설치되어 있다. 본 센터는 지역에 거주하는 고령자나 장애인의 불편 해소와 삶의 질 향상을 목표로 그림 6.1에 표시된 지역에서 활동하고 있다. 의뢰내용의 대부분은 신경난치병, 경추손상, 뇌경색 등의 중증장애를 갖고 있는 환자들에 대한 지원이다. ALS로 불리는 신경난치병의 경우, 발병 이후 수년에 걸쳐 전

신 근육의 근력이 저하되고 사지가 마비되며 호흡이 곤란해져 인공
호흡기가 필요하고 주변 사람들과의 커뮤니케이션이 곤란해진다.
이 때문에 ALS 환자와 관련된 의뢰는 대부분 의사전달 수단에 관한
것이 많다.

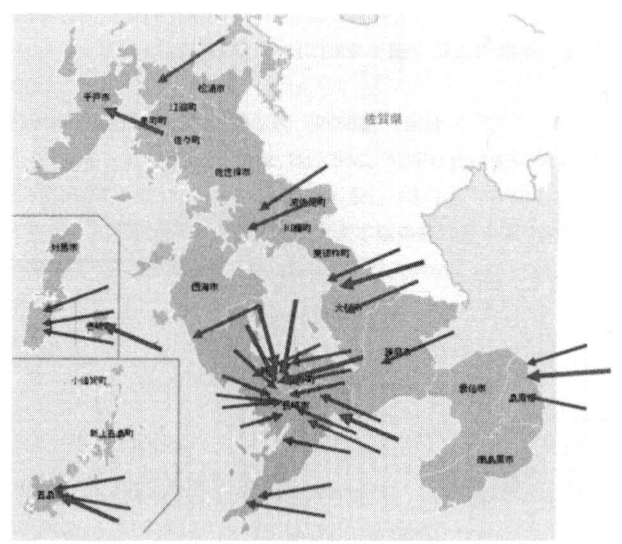

그림 6.1 본 센터에서 활동하는 지역

6.2 센터의 활동내용

본 센터의 활동내용은 다음의 세 가지 분야로 분류된다.
- 요구대응분야 : 외부로부터 의뢰받아 그 요구에 대한 대응·기
  기의 개발 제공
- 연구개발분야 : 복지간호분야의 기기 개발
- 교육분야 : 강연이나 강의를 통한 복지교육 실시

이러한 활동에는 주로 공학부의 기계시스템공학과, 전기정보공학과의 교수와 학생들이 참여하고 있다. 이러한 활동을 위해서는 의료간호 관련 지식이 반드시 필요하고, 따라서 대학 내외의 의료간호 관계자나 복지관계자의 협조와 동시에 그림 6.2에 나타난 바와 같은 여러 조직으로부터 지원을 받고 있다.

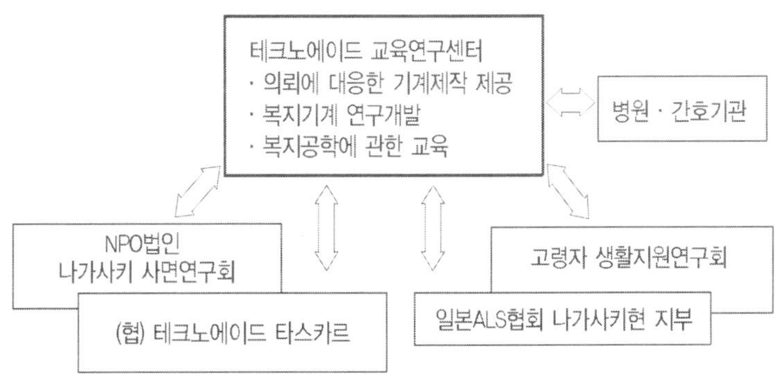

그림 6.2 다른 조직과의 연계

그림의 NPO법인 '나가사키경사면연구회'는 1997년에 나가사키 시내의 경사면 주택지에 거주하는 고령자의 생활지원을 목적으로 설립된 다양한 직종의 시민들로 구성된 자원봉사 조직이다. 이 모임에는 나가사키 대학의 의학 및 공학분야 교수들도 많이 참가하여 경사지에 거주하는 고령자의 외출 지원이나 주택상담, 특히 복지 관련 기기의 상담을 실시하고 있는데, 본 센터에 대한 요구 및 의료 측면의 지원을 실시하고 있다. 또한, '고령자생활지원연구회'는 기업에서 퇴직한 고령 기술자가 가지고 있는 기술을 복지분야에 활용하려는 목적으로 설립된 고령 기술자의 자원봉사 조직으로써, 종종 본 센터와 공동으로 복지용구를 제작하여 제공하고 있다. 테크노에이드·타스카루(장애우, 고령자의 복지를 위해 설립된 일본의 공익법인) **협동조합**

은 나가사키 시의 복지·주택 관련 8개 기업이 모여 만든 조합으로써, 수요의 발굴이나 복지 관련 기기의 개발, 나아가서 본 센터에서 만들어낸 기술의 지역 이전 등을 추진하고 있다. 일본 ALS협회 나가사키 현 지부는 ALS 환자에 대한 지원이 필요할 때 서로 연락을 취하면서 대응하고 있다.

6.3 지금까지 요구대응분야의 활동사례

본 센터는 외부에서 의뢰가 들어왔을 때에는 방문하여 내용을 파악하고 이에 따라 적절한 대응을 취하는 것을 중요시하고 있다. 특히 방문을 중시하는데 이는 요구사항을 상세히 듣는 동시에 대상자의 현재 신체상황 및 향후 신체상황의 변화를 예측하여 이후의 조치를 정하고 있다.

사례 1 : 의사전달 장치의 제작·제공

이사하야 시(諫早市) 북부에 사는 T 씨(50대)는 몇 년 전에 ALS가 발병하였다. 2009년 8월에 담당 케어매니저가 본 센터에 지원을 의뢰하여 즉시 가정을 방문하였다. 그 때에는 이미 일어서는 것과 이야기하는 것이 힘들었지만 앉아 있는 것은 가능했다. 당일에는 의사전달 장치를 제안하고 사용할 것을 제안하였다. T 씨는 곧바로 컴퓨터를 사용한 의사전달 장치를 이용해 외부와 쉽게 의사를 전달하게 되었다. 그러나 증상이 서서히 진행되고 있어 현재에도 증상의 진행에 따른 특수 스위치를 제작하여 제공하고 장치의 조작 중 발생하는 문제(트러블)에 대처하고 있다.

사례 2 : 긴급 호출장치의 제공

오무라 시(大村市)에 사는 S 씨(70대)는 6년 전에 뇌경색이 발병했다. 담당의사가 의뢰하여 본 센터에서 방문하였다. 중증의 장애로 인하여 사지가 마비되었고 인공호흡기가 필요했으며 의사전달도 곤란하였다. 재활훈련을 하면서 증상이 회복되기를 기다리다가 반년이 경과한 후에 호출장치(너스 콜)를 제공하였다. 또한 의사전달 장치를 설치하고 증상이 나아져 그에 맞는 특수 스위치로 개선하였으며, 제공한 장치의 문제를 개선하고 있다. 그림 6.3은 S 씨에게 제공한 반지형 터치 스위치를 보여주고 있다.

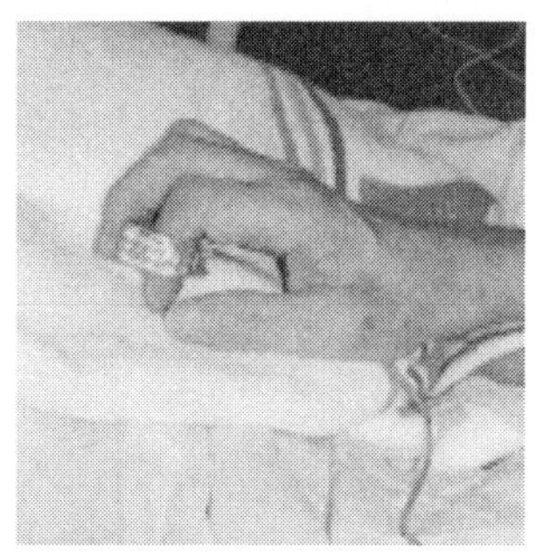

그림 6.3　반지형 터치 스위치

사례 3 : 환경 제어장치의 제공

S 씨(78세 남성)는 8년 전에 ALS가 발병해서 재택간호를 받고 있으며 본 센터에 의뢰한 시점은 6년 전이었다. 당초에는 다리를 움직일 수 있어서 다리로 조작하는 스위치를 제공했지만, 서서히 다리의 움직임이 나빠져 손가락으로 조작하는 스위치를 사용하게 되었다. 그러나 손가락마저도 움직이지 못하게 되어 눈썹의 움직임으로 조작하는 스위치를 제공하였다. 그 이후로 S 씨는 이를 이용하여 그림

6.4와 같이 부인을 부르거나 텔레비전을 조작하고 인터넷으로 메일을 교환했지만 재작년부터는 안전센서(眼電 Sensor)를 이용하고 있다. 본 센터에서 S 씨를 방문하려면 왕복 4시간이 소요된다.

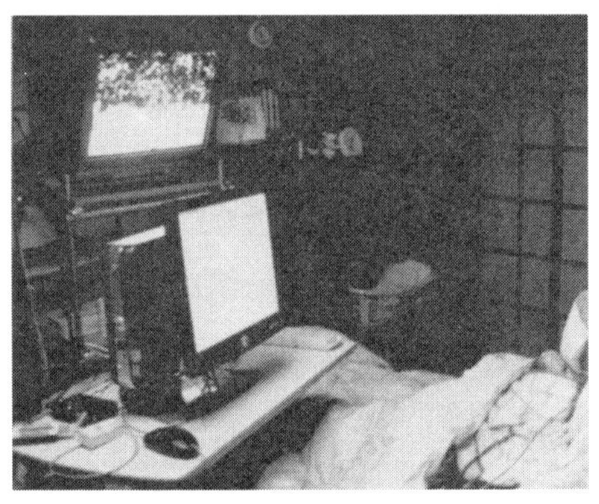

그림 6.4   제공된 환경제어 장치

사례 4 : 전화 호출장치의 제공

나가사키 시에 사는 W 씨(40대, 여)는 2년 전 지주막하 출혈(Subarachnoid hemorrhage)로 입원하여 치료를 끝내고 자택으로 돌아왔다. 그러나 사지가 마비되어 완전간호가 필요한 상태에서 자택으로 돌아가도 혼자 있게 되는 시간대가 있으니 이에 대처할 수 있는 조치가 없겠느냐는 상담전화가 병원으로부터 걸려왔다. 본 센터에서는 W 씨에게 이상이 있을 때에 간단하게 목을 움직여 전화를 걸 수 있는 장치(휴대용 너스 콜)를 제작해 제공하였고 W 씨는 무사하게 퇴원할 수 있었다. 그 후 W 씨에게는 목의 움직임만으로 TV나 에어컨을 조작할 수 있는 장치를 제공하였다.

사례 5 : 비디오카메라 촬영장치의 제작·제공

가고시마(鹿児島)에서 전화의뢰가 있었다. 시설에서 생활하는 K 씨(60대)는 약 20년 전에 굴러 떨어지는 사고로 다리가 마비되었다. 팔은 움직이지만 손끝의 움직임은 부자유스러웠으나 재활훈련 덕분에 전동 휠체어로 이동할 수 있게 되었다. 의뢰내용은 비디오카메라를 팔로 조작하여 촬영할 수 있도록 하는 것이었다. 본 센터에서는 K 씨를 방문하여 신체 상황에 맞는 장치를 제작하였는데 대형 버튼 3개와 조작 레버 1개를 사용하여 비디오카메라를 조작할 수 있게 되었다.

사례 6 : 침대이탈 경보장치의 제작·제공

나가사키 시의 N 씨(70대 여성)는 화장실에 인접한 방에서 살았는데, 야간에 화장실에 갈 때에는 혼자서 휠체어를 사용하였다. N 씨가 야간에 휠체어로 바꿔 타는데 실패하여 다른 사람들이 발견한 아침까지 바닥에 누워 있었다. 방문간호사로부터 이에 대한 조치를 의뢰받아 방문하여 협의한 뒤, 야간에 지정된 시간 이상 침대에서 벗어나면 별실에 살고 있는 가족에게 경보를 전달하는 장치를 제공하였다.

사례 7 : 현관 앞의 단차 해소장치의 제작·제공

나가사키 시에 사는 Y 씨(80세)는 뇌경색 치료를 끝내고 주간 서비스를 이용하면서 자택에서 살고 있다. 현관 앞 도로의 기울기가 심해서 복지사업자에게 단차를 없애는 공사를 의뢰했는데 완성된 통로가 구불구불하여 휠체어를 이용하기에 매우 곤란하였다. 병원 직원으로부터 어떻게 하면 좋을지 상담을 접수하여 고령자생활지원 연구회의 멤버들과 함께 대책을 협의한 후 계단 승강기를 개조하고 통로를 다시 공사를 실시하였다. 그 후에 Y 씨는 자택으로 돌아와 주간 서비스를 이용하여 생활하고 있다.

6.4 요구에 따른 기기의 제작 · 제공

□ 의사전달 · 긴급호출 · 환경제어를 지원하는 장치 및 스위치

ALS나 뇌경색 등의 원인으로 말하는 것이 곤란해진 장애인이 가족이나 간호하는 사람을 긴급호출하거나 의사를 전달할 수 있도록 컴퓨터를 이용한 다양한 기기가 시판되고 있다. 그러나 이와 같은 장치는 이용자의 신체상황이나 연령에 맞는 입력수단을 선택하고 조정하는 것이 필수적이다. 또한 신체의 어떤 부분을 사용하여 이를 이용할 것인지 선택하는 것도 충분히 고려되어야 한다. 표 6.1에 지금까지 제작, 제공한 특수 스위치를 나타내었다.

표 6.1 제작 · 제공한 특수 스위치

- 터치 스위치 : 정전기를 이용해 입술이나 손가락으로 가볍게 접촉하여 작동하는 스위치.
- 휨 스위치 : 휨 센서를 이용해 손가락을 구부려서 작동하는 스위치.
- 동작 스위치 : 가속도 센서를 이용해서 손발이나 머리를 움직여 작동하는 스위치.
- 눈썹 스위치 : 회전 센서를 이용해 눈썹을 위, 아래로 움직여 작동하는 스위치.
- 눈 전위(眼電位) 스위치 : 안구를 움직여 생기는 눈의 전위를 감지해 작동하는 스위치.
- 화상처리 이용 스위치 : 화상처리를 이용해 신체의 움직임을 감지해 작동하는 스위치.

□ 계단이나 단차의 이동을 지원하는 장치

고령자들은 종종 계단이나 단차로 인한 어려움과 그 해결을 의뢰한다. 이는 기존의 계단승강기로도 해결 가능하지만 설치장소에 따라서는 적용이 불가능한 경우가 있다. 기존 장치의 설치가 곤란한

경우에는 개별적으로 제작한다. 그림 6.5는 직접 제작한 계단승강기로써, 본 장치는 윈치로 계단을 끌어올리는 방식이다.

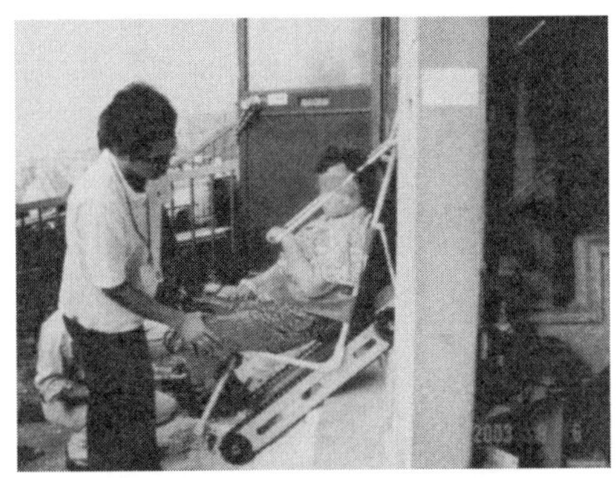

그림 6.5 원치를 이용한 계단승강기

□ 일상생활의 작업을 지원하는 장치

본 센터는 의뢰가 있을 때 고령자나 장애인의 일상생활에 필요한 작업을 지원하는 장치를 제작하여 제공하였다. 그림 6.6은 사지마비·뇌성마비 환자를 위해서 제작한 적외선 리모컨 현관열쇠 개폐장치다. 그림 6.7은 경추손상환자로부터 의뢰받아 제공한 비디오카메라 조작장치이다. 3개의 버튼으로 촬영의 시작·정지, 화상의 확대·축소, 그리고 레버로 카메라의 방향을 조정할 수 있다. 그림 6.8은 휠체어에 장시간 앉아 있을 때 생기는 엉덩이 주위의 욕창을 예방·개선하기 위해 제작한 전동 휠체어의 경사장치이다. 휠체어 이용자가 이 장치에 탑승해서 레버 스위치를 조작하면 휠체어가 후방으로 45도까지 기울어진다. 다른 기기로서 창문 개폐장치, 휴대전화를 원터치로 조작하는 장치, 그리고 손가락이 자유롭게 움직이지 않는 장애인을 위해 물건을 집는 장치 등을 제작하였다.

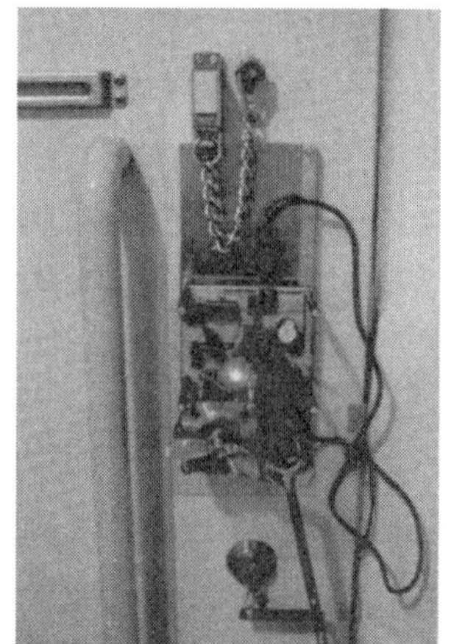

그림 6.6   현관열쇠 개폐장치

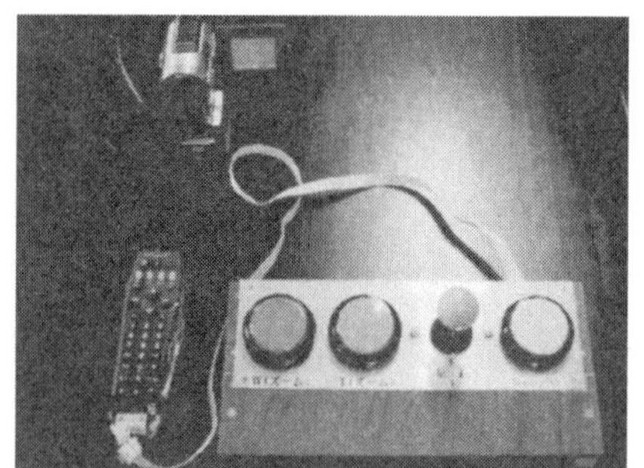

그림 6.7   비디오카메라 조작장치

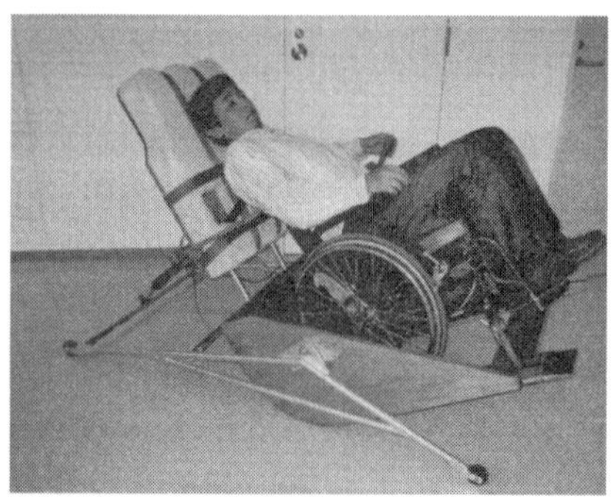

그림 6.8   휠체어 경사장치

6.5 연구개발부문(일본 총무성 위탁사업)

사회적 요구에 대응하기 위해서는 여러 가지 과제에 직면하는데, 그것들을 해결하기 위한 연구가 필요하였다. 구체적인 과제를 들자면,

□ 특수 입력 스위치의 개발

기존의 특수 스위치를 적용할 수 없는 경우에는 새로운 특수 스위치의 개발이 필요하였다. 구체적으로 증상이 심각하게 진행되는 환자에게는 뇌파나 뇌 속의 혈류를 감지하는 수단이 요구되며 이를 시급하게 실용화하는 것이 필요하다. 또한 ALS 환자나 경추손상 환자는 목의 미세한 움직임으로 컴퓨터 마우스를 2차원적으로 조작하는 입력 스위치를 원하고 있다.

□ 화상처리기술의 개발

화상처리도 효과적이지만 이를 이용하기 위해서는 설치장소나 조명문제가 따르며, 이를 효과적으로 이용하기 위한 기술개발이 필요하다.

□ 장치의 유지·관리기술

요구에 따라 기기를 제공한 이후에는 기기의 보수·점검뿐 아니라 이용자의 증상 진행에 따른 조정과 갱신이 필요하다. 특히 낙도나 벽지에서 장치를 이용하는 경우에는 이와 같은 대응이 쉽지 않아 새로운 기술이 적용된 대응이 필요하다.

본 센터에서는 위에 제시한 '장치의 유지·관리기술' 과제를 검토하여 2008년과 2009년도에 일본 총무성의 전략적 정보통신 기술개

발사업을 위탁받아 아래와 같은 사업을 실시하고 있다. 연구과제는 '낙도·오지 재택간호 능력향상을 위한 원격 케어시스템 개발'이다. 본 연구의 배경에는, 나가사키 시에서 고속선으로 2시간 정도가 걸리는 고토(五島)에서는 급속한 고령화나 쇠퇴를 억제하기 위한 e-마을 조성구상으로 광파이버(光 fiber) 등의 정보통신 기반정비가 진행되었고, 각 가정에는 고속 인터넷에 접속된 고지단말기(그림 6.9)를 설치하여 그 시스템을 복지 향상이나 마을 조성에 활용하기를 희망하고 있다. 본 위탁연구에서는 실제로 고토를 대상으로 개발한 시스템의 유효성을 실증하는 일도 수행하였다.

그림 6.9   낙도에 설치된 고지단말기

6.6 연구개발에 의한 낙도 환자보호 시스템 개발사례

재택간호를 실시하고 있는 가정에 대한 설문조사에서 나타난 것은 방문간호 스테이션을 통한 보호뿐 아니라 가족들이 함께 보호할 수 있는 것인데, 그 사례를 아래에 소개하였다.

사례 8

T 씨(80세 남성)는 치매에 심장질환이 있어 야간에 침대에서 일어나 넘어지거나 배회하는 것이 걱정되었다. 함께 거주하는 딸은 야간에 3시간 간격으로 T 씨를 보러 오는 것에 지쳐 있었다. 딸이 원하는 것은 부친이 야간에 일어났을 경우에 이를 통지함과 동시에 딸 방의 텔레비전으로 부친의 모습을 보여 주는 장치였다. 딸의 방은 T 씨의 방에서 10m 정도 떨어져 있었다.

본 센터에서는 T 씨의 침대에 정전형(靜電型) 침대이탈센서(그림 6.10)를 설치하여 야간에 T 씨가 일정시간 침대를 떠나면 딸에게 무선으로 경고를 보내는 동시에 무선카메라(그림 6.11)로 촬영한 침대 주위의 적외선 영상을 딸 방의 영상수신기에 보내는 장치를 설치하였다. 이 장치는 설치 후 6개월 동안 정상적으로 작동하고 있다.

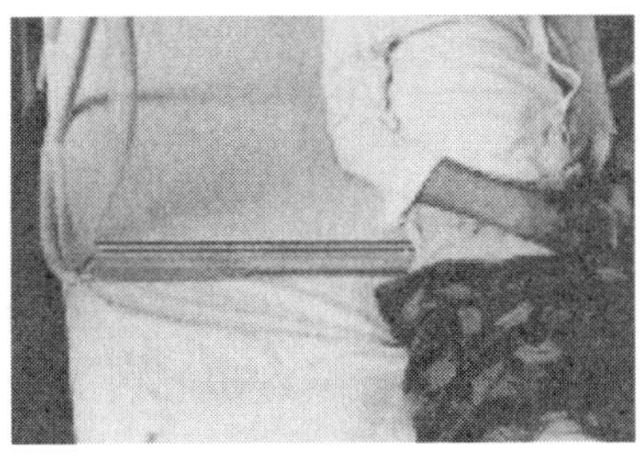

그림 6.10 정전형 침대이탈센서

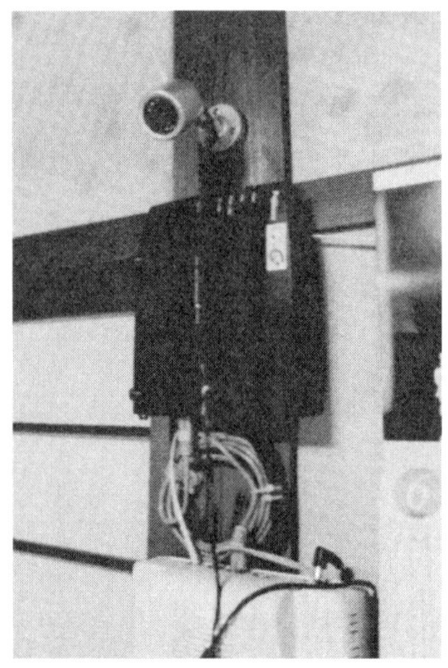

그림 6.11 무선카메라

사례 9

N 씨(72세 여성)는 다계통위축증으로 딸 부부가 함께 살며 간호하고 있다. N 씨가 야간에 화장실에 갈 때에는 혼자힘으로 침대에서 휠체어로 옮겨 타 볼일을 본다. 그러나 어느 날 밤 휠체어로 옮겨 탈 때 마루에 넘어져 일어나지 못하고 아침까지 그대로 있었던 사고가 발생하여 그 대책을 의뢰받았다. 본 센터에서는 야간에 N 씨가 침대에서 이탈한 시간을 정전형 침대이탈 센서로 감지하여 일정 시간 이상 침대이탈 상태가 계속되었을 때에는 별실에서 자고 있는 딸에게 무선으로 이상 발생을 통지하는 장치를 제공하였다. 또한 동시에 N 씨에게는 긴급호출용 펜던트 스위치를 항상 휴대할 것을 권함으로써 자기 스스로 호출도 할 수 있도록 하였다. 방문간호 스테이션을 중심으로 많은 가정을 보호하는 것 뿐 아니라, 가족들이 고

령자나 장애인을 보호할 수 있는 개인에 의한 환자보호 시스템을
제공하였다.

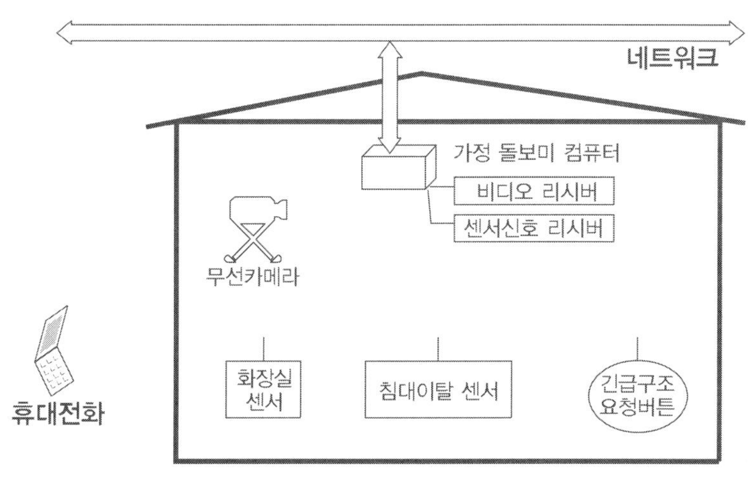

그림 6.12 휴대전화를 이용한 환자보호 시스템

본 시스템의 구성사례를 그림 6.12에 제시하였다. 가정에서 고령
자의 행동공간인 침대에는 침대이탈 센서, 화장실에는 사람감지 센
서, 그리고 침실과 부엌에는 무선카메라를 설치하였다. 또한 관찰대
상인 고령자에게는 긴급호출용 펜던트 스위치를 휴대하도록 권하였
다. 보호용 홈컴퓨터는 이러한 센서의 신호 및 긴급 호출신호를 상
시 감시하고, 이상사태 발생이 센서의 이상이 추정되는 경우에는
네트워크를 통하여 등록한 보호자(주로 가족)의 휴대전화나 PC에 이상
내용을 통지한다. 또한 보호자가 휴대전화나 PC를 사용하여 보호용
홈컴퓨터에 암호를 첨부한 메일을 보내면 이 컴퓨터로부터 네트워
크를 통하여 센서정보뿐 아니라 무선카메라가 감지한 영상을 받을
수 있다. 이 시스템을 사용함으로써 외출해서도 휴대전화를 사용하

여 자택에 있는 고령자의 상황을 확인할 수 있게 되었다. 다음에 이용 중인 두 가지 사례를 서술하였다.

사례 10

K 씨(82세 여성)는 수년 전에 뇌경색으로 반신마비가 왔으며 낮에는 자택에서 혼자 생활하고 있다. 딸은 어머니가 굴러 떨어질 것을 걱정하여 실내 여러 곳에 전화기를 설치하고 외출했을 때에는 자주 전화를 걸어 안부를 확인하고 있었다. 위의 시스템을 설치함으로써 일하는 중에도 간단하게 모친의 상황을 확인할 수 있게 되어 안심하게 되었다. 그림 6.13은 K 씨의 집 화장실에 설치된 화장실 센서이고 그림 6.14는 커튼 위에 설치한 무선 카메라이다. 화장실 센서는 화장실 이용자의 화장실 출입을 감지하여 보호용 홈컴퓨터에 통보한다.

그림 6.13   화장실 센서

그림 6.14   커튼 위의 무선카메라

사례 11

M 씨(78세 여성)는 치매가 있다. 멀리 사는 아들이 일주일에 두 번은 집에 들른다. 낮에 몇 시간 동안은 도우미가 방문하고 있지만 배회가 가장 큰 걱정거리로서 지금까지 두 번 집을 나가 길을 잃어 경찰에 보호된 경험이 있다. 위의 시스템을 설치함으로써 아들은 언제라도 어머니의 상황을 알 수 있게 되었지만 배회를 검지하는 효과적 수단이 되지 못하여 현재 펜던트를 이용하는 등 배회대책을 검토 중이다.

6.7 교육분야에서의 활동

지역 간호현장의 요구에 대하여 공학부 회원이 고령자나 장애인이 있는 장소를 실제로 방문하여 기기를 제작하는 본 센터의 활동

이 주목받게 된 이후 다른 지역으로부터 문의나 강연 의뢰가 쇄도
하였다. 2008년부터 2009년까지 나가사키 대학 공학부 공개강좌, 야
마구치 현립대학 특별강연, 야마구치 현 의료소셜워커 강연회, 미야
자키 대학 특별강연, 규슈 의료소셜워커 연차총회, 후쿠오카 현 고
구마회(후쿠오카 현 사회복지법인) 강연회, 나가사키 커뮤니케이션에이드
연구회, 나가사키 현 작업요법사 강습회 등에서 교육강연을 실시하
였다. 이러한 강연을 통해서 본 센터의 활동이 타 지역과의 협력으
로 발전하고 있다. 예를 들면, 야마구치 현립대학에서 실시한 강연
회가 계기가 되어 야마구치 현 내의 의료간호 관계자와 공학기술자
들의 연구회가 설립되어 본 센터와의 교류가 시작되었다.

6.8 정리

　본 센터가 나가사키 대학 공학부에 설치된 지 3년이 지났다. 고
령자나 장애인에 대한 지원 필요성이 사회적으로 높아짐에 따라 본
센터에의 의뢰도 증가하고 있다. 이와 같은 의뢰에 대응시에는 대
상자가 중증의 장애를 가지고 있는 경우가 많아 그 대응에 충분한
배려가 필요하고, 의료간호 관계자와의 충분한 협력 및 제휴 하에
이와 같은 요구에 적절히 대응할 수 있는 인재의 육성이 필요하다.
또한 최근 증가하고 있는 외부로부터의 의뢰에 대응하기 위해서는
대학 내부의 인재만으로는 충분한 대응이 어렵기 때문에 NPO 조직
이나 자원봉사자뿐 아니라 행정기관을 포함한 다양한 분야와의 협
력이 요구되고 있다. 대학 내부에서 참가 교수의 수를 늘리는 것도
필요하다. 지금까지 많은 공학부 교수들이 가지고 있는 전문기술과
테크노에이드간에 어떤 관련이 있는지에 대한 정보가 교수들에게

전해지지 않았던 이유도 있었기 때문에 논의의 장을 만들어 테크노에이드의 중요성을 전파할 필요가 있다.

ICT 기술을 활용하는 보호기술은 본 센터의 중요한 연구과제로 다룰 예정이다. 네트워크에 다양한 복지기기가 연결됨으로써 새로운 복지분야로 확대될 것으로 기대된다. 이는 고토나 쓰시마(対馬) 등의 낙도나 벽지가 있는 나가사키 소재 대학에 적합한 과제이며 앞으로 나가사키 대학의 의료·공학 제휴의 중요한 기둥이 될 것이다.

감사의 글 : 고토 시의 보호 시스템 구축실험은 2008년과 2009년 일본 총무성이 실시한 전략적 정보통신 연구개발 추진제도(SCOPE) 사업으로 수행되었다.

참고문헌

1) 田中博：「遠隔医療からHER/PHRへ日本の医療ITの展望」, JITA Spring Conference, 2009, 第3部 総務省「遠隔医療の推進方策に関する懇話会」関連報告会 · 招待講演資料

제 7 장

인프라의 안전 · 안심
– 도로경사면 방재(防災)를 중심으로 –

7.1 인프라란 무엇인가?

인프라스트럭처(Infrastructure)란 생산이나 생활의 기반을 형성하는 구조물을 말하며, 댐 · 도로 · 철도 · 공항 · 발전소 · 통신시설 등 산업의 기반이 되는 사회자본과 학교 · 병원 · 공원 · 사회복지시설 등 생활과 관련된 사회자본이 해당된다. 인프라는 국민복지 향상과 국민경제 발전에 필요한 공공시설로서 민간사업으로는 조성하기 어렵기 때문에 중앙정부나 공공기관이 건설하고 관리하는 경제성장의 기반이다. 현재 일부 사회자본의 공급에는 재정구조 개혁추진 등으로 인한 민간사업자 능력활용형 사회자본 정비로써 PFI(민간자금주도 사회간접자본 구축) 방식이 도입되고 있다.

인프라는 시장에 의해 공급되기는 어려우나 한 번 공공사업으로 정비되고 나면 사회자본으로써 경제생산에 큰 영향을 미친다. 예를 들어, 도시간 고속도로를 정비함으로써 교통비용이 절감되고 공장입지가 용이해지며, 상권이 확대됨으로써 지역의 경제활동이 활성화된다. 이러한 경제적 활성화에 따라 초기의 건설·정비에 투입된 비용이 회수되어 공공투자의 정당성이 확보된다.

사회기반이 재해로 인해 손상되면 복구에는 일정 시간이 소요되며 시설에 따라서는 몇 년이 걸리는 경우도 있다. 한신(阪神)·아와지(淡路) 대지진이나 니가타(新潟) 지진, 도카치오키(十勝沖) 지진 등으로 인해 도로파손이나 내진설계가 적용된 콘크리트 구조물이 붕괴되는 피해가 발생하였기 때문에 내진기준과 도로방재대책에 대한 재검토가 필요하게 되었다.

지진으로 인한 인프라의 피해 등은 제8장과 제9장에서 서술하고 제7장에서는 주로 도로재해를 방지하는 관점에서 토사재해, 암반경사면 붕괴 및 그 대책에 대해서 참고문헌 4에 근거하여 서술하고자 한다.

7.2 토사재해의 발생구조

중력의 직접적인 영향으로 암석이나 토사가 경사면을 따라 아래로 이동하는 것을 통틀어 매스 무브먼트(mass movement)라고 한다. 일반적으로 알려진 사면붕괴, 토석류, 산사태(沙汰, landslide)는 매스 무브먼트의 유형으로서 각각 아래와 같은 특징을 가지고 있다. 이러한 매스 무브먼트로 인해 발생하는 재해를 토사재해라고 한다.

(1) 사면붕괴

발생하기 전에 징조가 적고 돌발적으로 흘러 내린다. 이동속도가 빠르며 급경사면에서 발생한다. 지질과의 상관관계는 희박한 경우가 많고, 흘러내리는 흙더미는 원형을 유지하지 않는다. 또한 벼랑의 하부보다 상부가 더 돌출된 부분(overhang)이나 절벽에 금이 가있는 경우와 군데군데 큰 돌이 튀어나와 있는 절벽은 주의할 필요가 있다. 또한 용천수가 많은 장소도 주의해야 한다.(그림 7.1)

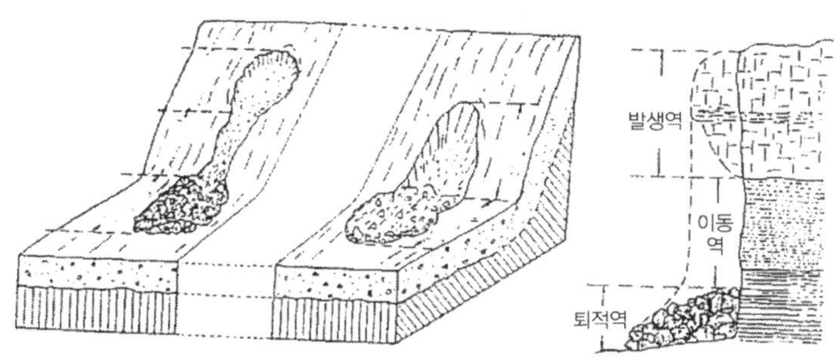

(a) 이동역을 수반하는 경우   (b) 이동역을 수반하지 않는 경우

그림 7.1 산사태, 절벽붕괴 모식도[1]

(2) 토석류

토석류는 경사가 급한 계곡의 양쪽 측면이나 계곡 최상부에 붕괴되기 쉬운 토사가 많은 곳에서 주로 발생한다. 발생지역은 하상 바닥의 경사가 15도 이상인 곳이 많은 것으로 알려져 있다.(그림 7.2) 폭우시에는 토사와 물이 섞여 혼탁한 상태로 급속하게 계류를 따라 흘러내려가며, 사면붕괴가 원인이 되는 경우도 많다. 또한 물이 없는 하천에서도 큰 돌이 구르고 있는 골짜기에는 토석류가 발생할 수 있으므로 주의해야 한다.

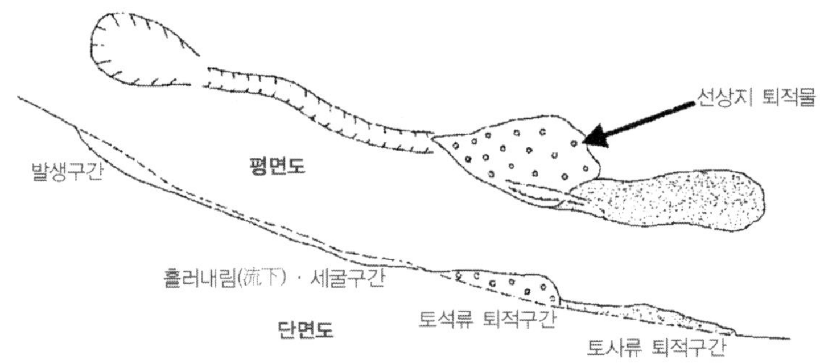

그림 7.2   토석류의 형태구분도[2]

(3) 산사태

이동속도는 느린 편이며 대체로 완만한 경사면에서 발생하고, 특히 상부의 비교적 평평한 지형에서 대규모로 발생하는 경우가 많다. 발생하기 전에 균열이 생기고 함몰, 융기(솟아오르는 것), 지하수 변동 등이 일어난다. 다만, 산사태는 어디서나 발생하는 것이 아니라 특정한 지질형태를 가진 장소에서 자주 발생한다. 지층의 종류에 따라서 제3기(신생대(新生代)의 전반기)층 산사태, 파쇄대(단층을 따라 암석이 부스러진 부분) 산사태, 온천 산사태 등 크게 3가지로 구분된다. 나가사키현 북서부에서 많이 발견되는 기타마츠(北松)형 산사태는 덮개암(cap rock)형 산사태로써 제3기층 위에 현무암이 모자와 같은 모양으로 덮이는 지질적 특징을 가지고 있다. 현무암 절벽의 선단부에서 일어나는 제1차 산사태와 그 붕괴물이 제3기층과의 경계에서 흘러내리는 제2차 산사태로 분류되는 제3기층 산사태이다.(그림 7.3)

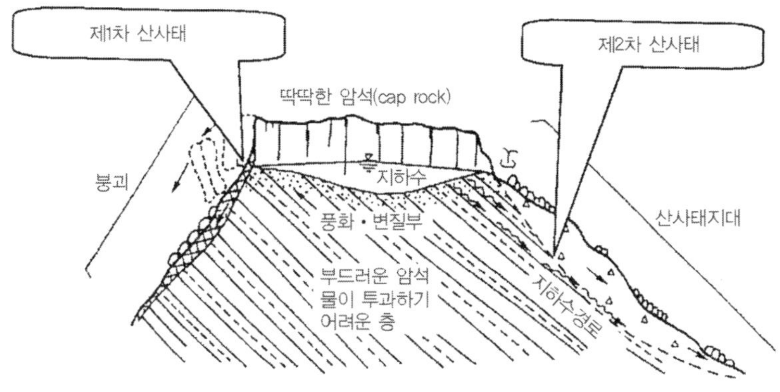

그림 7.3 덮개암 구조와 산사태·붕괴 사례[3]

7.3 암반사면의 붕괴

(1) 붕괴형태

암반사면 붕괴형태는 경사면의 거동이나 평가, 경사면의 움직임 및 변화상태의 계측, 시공 중 또는 시공 후의 유지·관리 및 이상 발생 시의 대책마련까지 전체적인 흐름에서 중요한 포인트가 된다. 한편, 암반사면의 붕괴형태는 특히 지질조건에 따라 다양한데 단일·단순한 형태의 붕괴는 적고 몇 가지 유형의 붕괴가 복합적으로 발생하는 경우가 많다.

그림 7.4 암반사면의 붕괴형태

그림 7.4는 대표적인 암반사면의 붕괴형태를 나타내고 있다. 암반 사면변화의 유형은 일반적으로 응력해방에 의한 상태변화, 붕락(崩落)현상, 산사태로 인한 붕괴, 전도붕괴(휨), 좌굴붕괴로 구분할 수 있다[4]. 이 중에서 응력해방으로 인한 상태변화는 그림 7.5와 같이 경사면 절단과정에서 상부의 하중이 제거될 때 반드시 발생하는 현상이지만 이 응력해방으로 인한 상태변화가 사면붕괴를 일으키는 직접적인 원인이 되는 경우는 적다. 그러나 붕괴원인에 대해 서술한 바와 같이 특히 암반 내에 존재하는 각종 불연속면의 노출(開口)이나 풍화의 진행, 그리고 이로 인한 강우시 지표수 침투량의 증가 등이 사면을 붕괴시키는 간접적 요인이 되므로 이러한 상태변화는 충분히 파악할 필요가 있다.

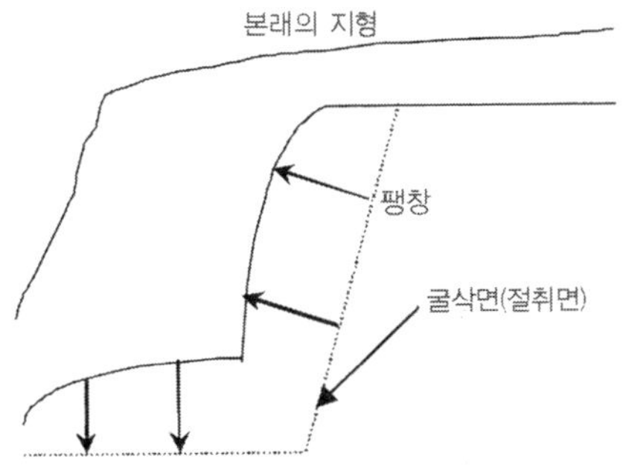

그림 7.5 응력해방으로 인한 상태변화

① 붕락현상

• **낙석**

그림 7.6과 같이 풍화와 침식작용으로 인해 약해진 경사면상의
암석이 암반에서 분리되어 낙하하는 것을 붕락현상이라고 한다. 이
낙석은 사면붕괴의 전조현상으로 나타내는 경우도 많다.

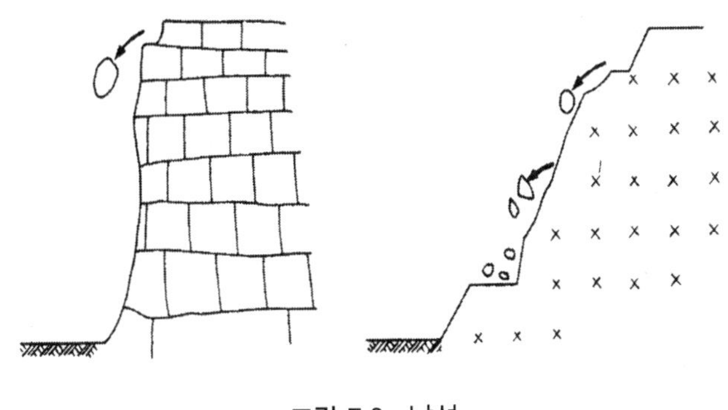

그림 7.6 낙석

• **블록(Block) 붕괴**

균열이나 절리(암석, 특히 화성암에서 볼 수 있는 규칙적인 균열) 등이 일어나

약해진 암석의 경우 그림 7.7과 같이 처음에는 가장 약한 블록이 붕괴되고 이어서 다른 블록이 붕괴되어 최후에는 암반 전체가 붕괴되는 현상이다. 붕괴 초기에 낙석을 동반하는 경우도 있다.

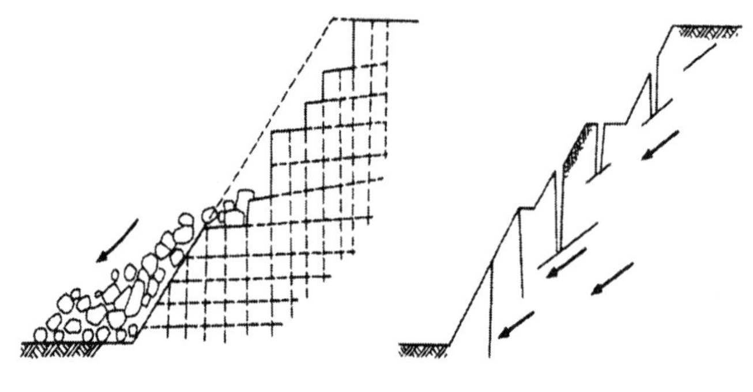

그림 7.7　블록 붕괴

② 사태 등으로 인한 붕괴

• 평면붕괴

그림 7.8 (a)와 같이 평면붕괴는 절리, 층리(층이 생겨 갈라지거나 떨어지는 현상), 편리(얇은 조각이 겹쳐진 것처럼 광물이 평행으로 배열하여 줄무늬를 띠는 암석의 구조) 등과 같은 연속적인 구조적 취약면이나 단층처럼 큰 지질적 불연속면을 따라 파괴되는 현상이다. 특히 불연속면의 위치, 방향, 경사 등이 사면의 형태에 대해 적합하지 않은 경우 붕괴가 발생한다. 뒤에 서술하는 순방향 경사(流れ盤)의 경우에는 평면붕괴의 단일형태로 붕괴되는 경우가 많다. 또한 그림 7.8 (b)와 같이 사면 위나 정상 배후에서 발생하는 수직 인장균열은 이러한 붕괴를 더욱 조장한다.

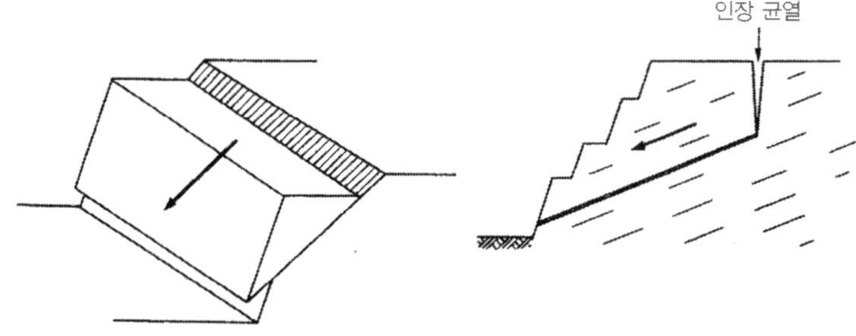

그림 7.8 평면붕괴

• 쐐기붕괴

그림 7.9 (a)와 같이 두 개의 불연속면이 교차하는 동시에 교차선이 경사면으로 인해 잘라지는 경우에는 이 두 개의 불연속면 주위의 암반이 절단 붕괴를 일으키는 현상이다. 또한 그림 7.9 (b)는 불연속면이 많이 발생할 경우 복수의 쐐기붕괴가 연속적인 경우를 나타내고 있다. 이러한 쐐기붕괴는 암반사면에서 비교적 많이 발견되는 형태다.

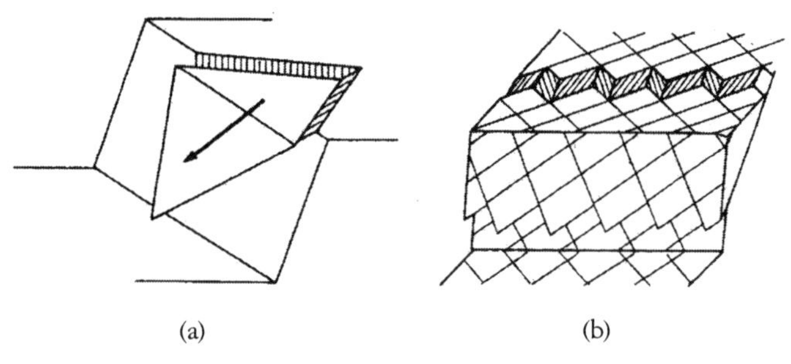

(a)   (b)

그림 7.9 쐐기붕괴

• 원호붕괴

그림 7.10과 같이 경사면이 원호를 따라 회전붕괴를 일으키는 현상이다. 이 사태붕괴는 일반적으로 흙이나 약한 암반 또는 균열이 무수히 많은 암반 등에서 발생한다. 사태가 일어나는 면은 경사면 아래 선단(先端)부를 통과하는 경우가 많다.

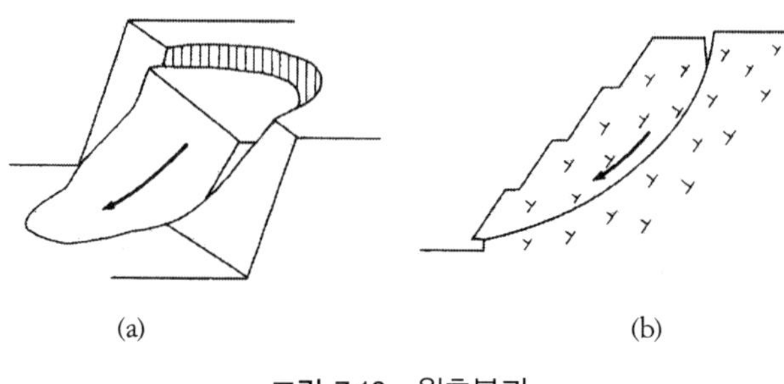

그림 7.10   원호붕괴

• 복합붕괴

그림 7.11 (a)와 같이 원호붕괴와 평면붕괴 등 여러 가지 붕괴형태가 복합적으로 발생하는 현상이다. 복합붕괴는 산사태의 붕괴형태에서 가장 많이 일어나는데, 그림 7.11 (b)는 단층파쇄대에서 일어나는 붕괴사례를 보여주고 있다. 복합붕괴는 일반적으로 규모가 커서 암반사태와 유사한 규모의 붕괴이다.

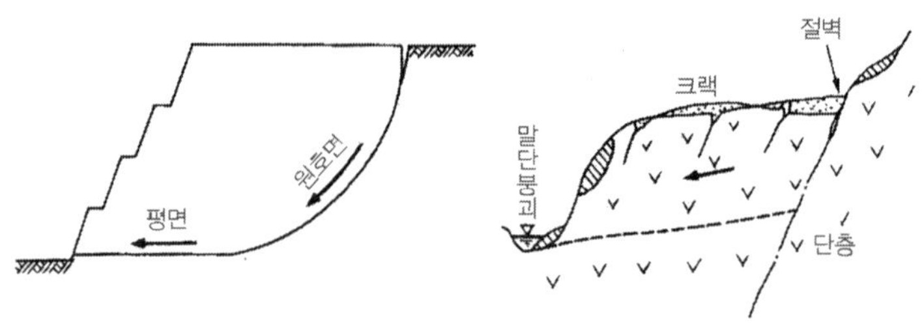

그림 7.11   복합붕괴

③ 전도(Toppling)붕괴

• 굴곡성 전도붕괴

경사면 안쪽으로 기울어진 절리가 발달한 암반에서 절리의 기울기가 비교적 완만하고 비교적 연질의 판상암반인 경우, 절리로 인해 분리된 암반이 그림 7.12와 같이 중력에 의해 경사진 쪽으로 전체적으로 기울면서 천천히 붕괴되는 현상이다. 이러한 붕괴는 경사면에 가까운 암반으로부터 안쪽 깊숙한 곳까지 순차적으로 진행된다.

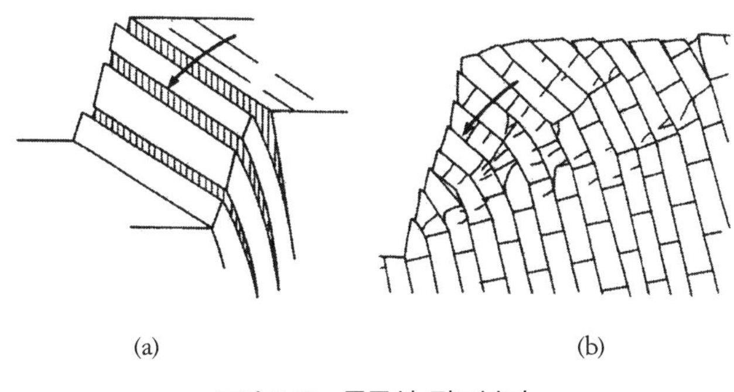

(a) (b)

그림 7.12 굴곡성 전도붕괴

• 블록 전도붕괴

굴곡성 전도붕괴와 마찬가지로 지질구조 암반이 절리기울기가 급하고 경질인 판상 또는 주상암반의 경우, 절리로 인해 분리되어 그림 7.13 (a), (b)와 같이 중력으로 인해 암반이 경사면 쪽으로 전도되고 인장파괴를 일으켜 붕괴장소 상부 암석이 블록 상태(암괴)로 붕괴되는 현상이다. 또한 그림 7.13 (c)와 같이 층리의 기울기가 수평이 되어도 암반이 돌출되어 오버행 상태인 경우에 돌출된 부분이 하나의 블록으로 붕괴되는 경우가 있는데 이 붕괴현상도 블록 전도붕괴에 속한다.

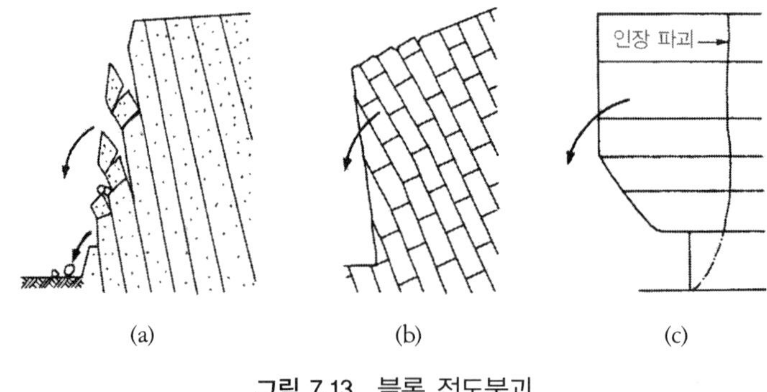

그림 7.13   블록 전도붕괴

④ 좌굴(buckling)붕괴

절리와 층리가 거의 수직으로 발달된 암반의 경우, 절리와 층리로 인해 분리된 판상·주상 암반이 그림 7.14 (a)와 같이 암반 자체의 무게 때문에 균열이나 약화 장소에서 좌굴(座屈)된다. 이로 인해 판상·주상 암반이 꺾여 부러지면서 전체적으로 붕괴되는 현상이 좌굴붕괴이다. 또한 암반이 높은 경우에는 그림 7.14 (b)와 같이 암반 하부에서 좌굴현상이 일어나고 상부는 절리 등에 의해서 미끄러져 내리기도 한다.

그림 7.14   좌굴붕괴

(2) 암반사면 붕괴의 원인

암반사면 붕괴의 원인은 암석, 암반 및 지층의 생성과정과 지각변동에 의한 변성 등으로 결정된다. 이는 암석, 암반 및 지층이 본질적으로 갖고 있는 지질조건으로 인한 요인과 경사면 절단으로 인해 발생하는 암석, 암반의 상태변화, 지하수의 변동, 지표수(주로 강우) 침투 및 지진 등의 외적 요인으로 구분된다.

사면붕괴의 본질적 요인인 지질조건으로는 고결도(강도)와 풍화 등 토양(자연지반, 암석·암반)의 물질적 성질과 절리, 층리, 편리나 단층 등 지질구조 상의 불연속성 등이 있다. 특히 후자의 지질구조상 불연속성과 사면절단과의 관계는 사면의 안전성과 붕괴에 큰 영향을 주는 본질적 요인이 된다. 표 7.1은 사면의 안전성과 붕괴의 주요 원인과 지질과의 대략적인 관계를 나타내고 있다.

지 질		제3기층	중고생층	화성암	단층부	풍화부
토양 특성	고결도	○	○	○		○
	균열		○	○	△	
	풍화, 변질	△	△	○		○
지질 구조	층리, 절리, 편리	○	○	○		
	단층면				○	
	파쇄대, 풍화대				○	○
물	지하수, 지표수	○	○	○	○	

(○:관련성 깊음, △:관련성 있음)

표 7.1 사면의 안정성, 붕괴의 주요 원인과 지질과의 관계

① 토양의 물성과 지질

강도로 대표되는 고결도, 균열 및 풍화상황 등 토양을 구성하는 암석, 암반의 물성, 생성과정 및 이후의 지각변동 등에 따른 지질은

사면붕괴의 원인이다. 토양의 물성은 지질의 성장 년대·성장과정과 관계가 깊다. 그 중 고결도와 전단저항(접착력, 내부마찰각)은 대표적인 성질로서 성장 년대와 성장과정 또는 풍화과정 등에 의해 달라진다. 예를 들어 신제3기층, 고제3기층의 이판암, 변질된 화성암, 응회암, 점토화 작용으로 발생한 사문암으로 만들어진 토양의 경우, 고결도는 낮으나 균열 등의 결함이 적다. 한편 고생층이나 화성암 등으로 이루어진 토양의 경우에는 고결도는 높지만 균열 등의 결함이 많다. 그러나 그림 7.15와 같이 몇몇 토양에서는 사면붕괴의 가능성이 있다.

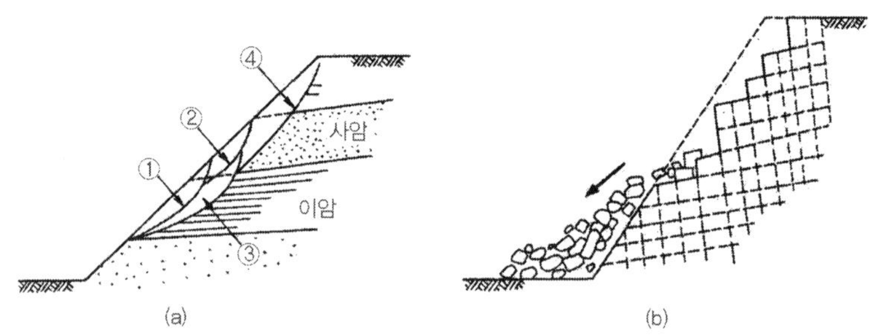

(a) 고결도가 낮고 균열이 적은 토양   (b) 고결도가 높고 균열이 많은 토양

그림 7.15 토양 물성의 차이와 붕괴

② 지질구조상의 불연속성

절리, 층리, 편리, 단층 등의 불연속면은 토양특성(토질, 암질) 이상으로 대규모의 사면붕괴를 일으키는 원인이며, 이러한 불연속면의 주향(경사진 지층면과 수평면이 이루는 직선의 방향), 경사 및 절취 사면의 주향, 경사와의 관계가 문제가 되는 경우가 많다. 일반적으로 불연속면의 경사가 사면의 경사와 같은 방향인 경우를 '순방향 경사(流れ盤)'라고 한다. 반대방향인 경우, 즉 불연속면이 경사면의 안쪽을 향해 아래

방향으로 기울어진 경우를 '역방향 경사(受け盤)'라고 한다.

순방향 경사는 특히 사태가 발생하기 쉬운 지질구조로서 절단된 후 비교적 단시간에 그것도 돌발적으로 발생하는 경우가 많다. 붕괴규모는 불연속면과 사면의 주향, 경사와의 관계에 따라 달라진다. 또한 붕괴형태는 불연속면의 경사에 의해 좌우된다. 그림7.16은 두 종류의 순방향 경사 지질구조와 사면의 붕괴형태를 나타내고 있다. 경사가 완만한 순방향 경사에서는 평면붕괴를 발생하는 반면, 경사가 급하여 호층(암질이 다른 층들이 번갈아가며 겹쳐져 있는 모양의 지층)으로 된 순방향 경사에서는 복합붕괴가 발생한다.

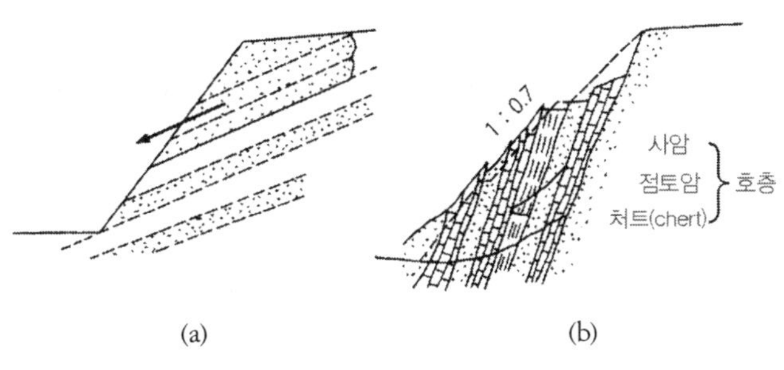

그림 7.16 순방향 경사의 붕괴형태

다음, 역방향 경사의 경우에는 지질구조상 절단 후 사면의 안정성은 좋지만 지면이 약해지거나 풍화 등으로 인해 불안정해져서 강우 및 지진이 일어나면 붕괴되는 경우가 있다. 그림 7.17과 같이 역방향 경사의 붕괴는 토양의 물성과 불연속면 상태에 따르지만 블록붕괴나 전도붕괴 등의 형태로 나타나기도 한다.

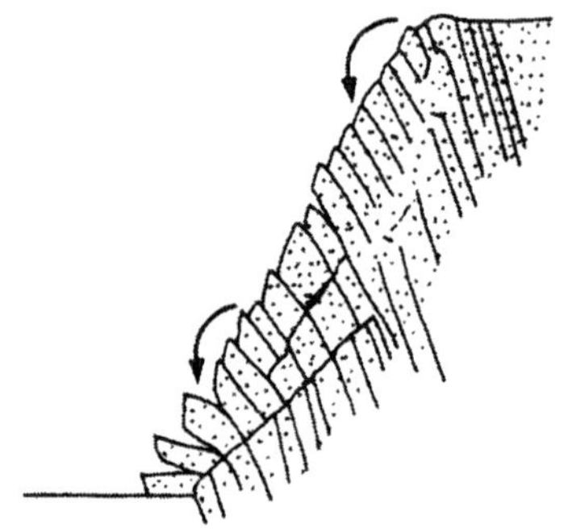

그림 7.17   역방향 경사의 붕괴형태

또한 큰 규모의 지질구조상 불연속면으로는 단층면을 들 수 있는데, 이는 사면붕괴의 원인이 된다. 이 경우 단층면의 주향, 경사 및 사면의 주향, 경사와의 관계에 따라 사면붕괴 형태가 달라진다. 예를 들어, 그림 7.18 (a)와 같이 지표면 가까이에 단층이 존재하는 경우에는 평면 사태가 발생하며, 그림 (b), (c)와 같이 단층이 깊이 존재하는 경우는 복합사태가 발생하기 쉬운 지질구조이다.

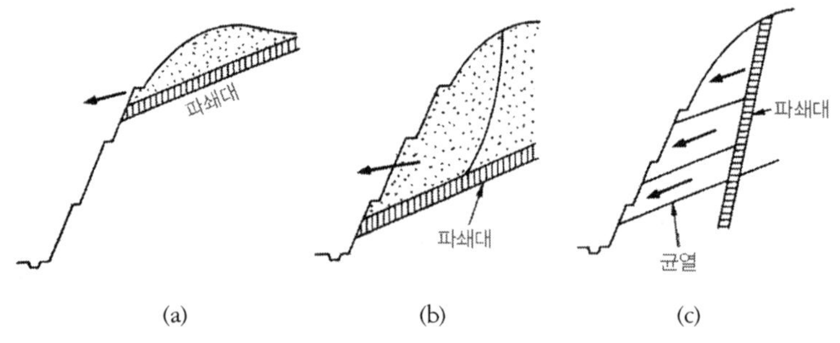

그림 7.18   단층위치와 사면붕괴의 형태

더욱이, 단층은 일반적으로 파쇄대를 동반하고 있는 경우가 많은데 파쇄대의 물성이나 규모는 파괴형태나 규모에 대해 큰 영향을 주어 그림 7.11의 복합사태나 그림 7.19의 풍화석 사태와 같이 대규모로 붕괴된다. 순방향 경사와 역방향 경사 혹은 단층면 등과 같이 불연속면과 사면의 관계가 명확하지 않은 경우에도 절리면 등에서 파괴되는 경우가 있어 그 크기에 관계없이 지질구조상 불연속성은 사면붕괴를 일으키는 원인이라는 것을 충분히 인식할 필요가 있다.

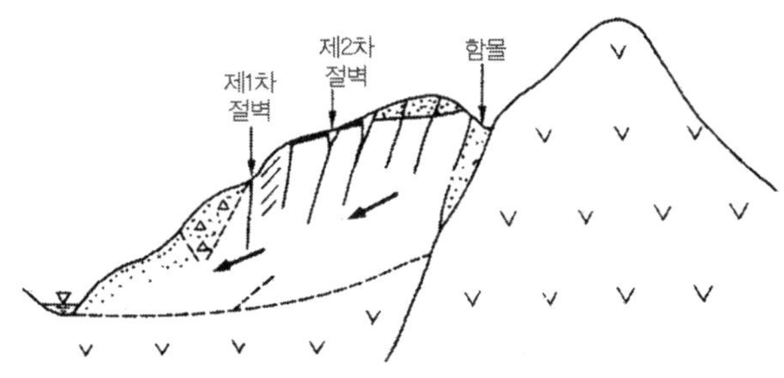

그림 7.19 풍화암의 산사태

(3) 사면붕괴의 원인

사면을 인공적으로 절단하는 것은 토양의 형상뿐 아니라 상태도 바꾸게 된다. 시공순서를 보면 ① 발파진동으로 인한 상태변화, ② 응력해방으로 인한 상태변화, ③ 토양의 노출 등으로 인한 풍화, ④ 지하수 또는 지표수의 침투 등 여러 가지 원인과 기타 외적요인으로 ⑤ 자연현상인 지진을 들 수 있다.[4]

① 발파진동

사면의 굴착시 토질 또는 연암에 대해서는 기계굴착이 이루어지기 때문에 토양의 손상은 거의 없다. 그러나 경암의 경우에는 경제적 이유로 발파공법을 이용하는 경우가 많기 때문에 토양이 약해진다. 이는 아래에 서술하는 응력해방에 의한 리바운드와는 다르게, 경사면의 암반 내에 균열을 발생시켜 기존균열의 노출을 유발한다. 이러한 이유로 경사면에 부석(浮石)이 발생하며 시공 중 낙석과 풍화 진행의 원인이 된다.

② 응력해방

사면이 어떠한 공법으로 절단되어도 절단된 경사면 위에 있던 토양이 사라졌기 때문에 경사면은 그 토양의 하중에 상당한 응력에서 해방된다. 응력해방은 토양에 부여된 응력을 제거하여 경사면이 리바운드하는 현상뿐 아니라 토양 내의 절리, 층리, 편리 또는 단층 등 불연속면에 가해졌던 수직응력의 감소와 그에 따른 절단저항력 저하 등을 초래한다. 또한, 제3기 이암과 응회암에서 발생하는 흡수 팽창(Swelling)으로 인한 강도저하가 있다.

응력해방으로 인해 불연속면의 취약과 노출은 물의 침투성을 증대시켜 강우시 지하수위의 급격한 상승과 경사면 안쪽의 배면압 (backside pressure) 상승을 초래하여 경사면의 안정성에 영향을 준다.

③ 풍화

경사면이 절단되면 새롭게 노출된 토양이 건습을 반복함에 따라 비화작용(slaking)을 일으켜 열화(재료가 열, 빛, 방사선, 산소, 오존, 물, 미생물 등의 작용을 받아 그 성능과 기능 등의 특성이 시간이 지남에 따라 떨어지는 현상)한다. 더욱이 침투수의 영향으로 보다 과학적인 변질이 생긴다. 특히 신제3기층의 응회암, 풍화작용으로 인한 화강암 등 연한 암석으로 구성된 토양에 발생하는 경우가 많으며 낙석이나 표층 사태붕괴 등 비교적 소규모 붕괴의 원인이 된다.

또한 풍화는 경사면 부근뿐만 아니라 불연속면에서도 진행되며 한랭지에서는 침투한 지표수나 지하수가 동결 · 융해를 반복함으로써 불연속면을 중심으로 암반의 붕괴가 발생하는 경우가 많다. 이러한 동결 · 융해로 인한 붕괴는 절리 등 불연속면이 발달한 고생대층이나 화성암 등 경암으로 이루어진 토양에서 자주 발견되며 낙석에서 좌굴붕괴에 이르기까지 다양한 형태의 원인이 된다.

이와 같이 풍화는 여러 가지 사면붕괴의 원인이 되므로 경사면의 조사 · 시험에서 유지 · 관리에 이르기까지 각 단계에서 각종 방법으로 풍화조사 · 평가를 면밀히 실행할 필요가 있다.

④ 지하수

지하수는 사면파괴의 매우 중요한 원인 중 하나이다. 즉, 지하수위가 높은 장소나 강우 등의 지표수 침투로 인해 지하수위가 급격하게 상승하는 경우에는 경사면 내의 수압(배면압) 상승이나 불연속면의 전단저항력 저하를 초래한다. 이 때문에 절단 후에 지하수위를 낮추거나 침투수로 인한 지하수위의 상승을 방지하기 위하여 일반적으로 물을 빼거나 강우로 인한 물의 침투방지대책 등이 실시된다. 또한 앞에서 서술한 바와 같이 강우 등으로 인한 지표수 침투는 장기적으로 암반의 풍화나 풍화촉진의 원인이 되므로 지하수에 대해 충분히 주의를 기울여야 한다.

⑤ 지진

지진은 암반경사면의 역학적인 열화를 촉진함과 동시에 사면붕괴의 원인이 된다. 이 때문에 중요한 사면의 경우 암반의 물성이나 사면안정성평가 또는 사면설계시 동적 거동을 고려할 필요가 있다.

또한 지진은 암반 사면붕괴의 원인이 되기 때문에 사면이 붕괴하기 쉬운 상태일 경우 붕괴형태에 관계없이 붕괴될 가능성이 있다. 지금까지 발생한 지진으로 인한 붕괴사례에서는 낙석 등이 많이 발

생하였다. 그러나 예를 들어 풍화가 뚜렷하게 진행되었거나 호우로
인해 배면압이 급격하게 상승하는 경우에는 경사면이 불안정한 상
태이기 때문에 지진으로 인해 비교적 큰 규모의 붕괴가 유발된다.

7.4 사면재해예측과 대책현황 및 과제

(1) 들어가는 말

앞에서 서술한 바와 같이 사면붕괴의 요인으로는 응력해방과 풍
화작용, 강우, 지하수 변동, 지진을 들 수 있지만 특히 폭우에 의한
사면재해는 매년 발생하고 있다. 근래에는 1999년 히로시마(広島) 호
우재해, 2003년 7월과 2006년 7월 규슈 지방에서 발생한 장마전선
호우로 인한 토사재해, 2005년 14호 태풍으로 인한 토사재해, 최근
에는 2009년 7월 야마구치(山口) · 규슈 북부의 호우로 인한 사면붕괴
등이다. 2009년 7월 21일, 야마구치 현 내의 간선도로인 국도 262호,
7월 24일 규슈 자동차 전용도로에 발생한 호우로 인해 후쿠오카(福
岡)와 오노조(大野城) 인터체인지 사이에 사면붕괴가 일어났고 도로가
장기간 폐쇄되었다. 또한 2008년 6월 14일에 발생한 이와테(岩手) ·
미야기(宮城) 내륙지진으로 인한 토사재해는 지금까지 기억이 생생
하다. 이러한 사면재해 기록으로 볼 때 대동맥 및 간선도로의 안전
이 아직 충분히 보장되지 않고 있다는 것을 알 수 있다.

2007년 4월 1일 현재 일본의 도로 총 연장은 1,253,048km이다(일본
국토교통성 조사. 임도 · 농도는 미포함). 일본의 총인구는 2007년 1월 현재 약
127,765,000명(총무성 조사)이므로 국민 한 명당 관리해야 할 국도의 길
이는 10m 정도이다. 도로 법면 · 사면의 길이에 관한 통계는 없지만
국토의 70%가 산지로서 국도의 총길이에서 산지구간이 차지하는

비율이 30% 이상이고, 차선 양측이 사면인 경우도 많기 때문에, 사면의 길이가 도로 길이의 30%, 사면의 깊이가 10m 정도라 하면 국민 1인당 약 30㎡$^{(약\ 10평)}$ 정도가 관리면적이 된다. 또한 도로에 면한 자연사면에 있어서는 재해가 발생하기 쉬운 범위가 100m 정도의 깊이이므로 국민 1인당 관리면적은 300㎡$^{(약\ 100평)}$이 된다.[6][7]

일본의 택지 평균면적은 296㎡$^{(2003년.\ 국토교통성\ 조사)}$이나 도시부에서는 그 면적의 절반 정도밖에 되지 않는다. 즉, 국민 각자가 자택의 넓이와 비슷한 도로의 법면·사면 관리를 담당해야 할 것으로 추정된다. 향후 인구는 감소하고 고도 성장기에 건설된 도로가 노후화하는 것을 생각하면 국민이 안전한 도로를 이용할 수 있도록 하기 위해서는 효율적이고 정확하게 위험한 곳을 추출하여 유지·관리하는 기술이 필수적이다.

도로의 사면이나 법면의 점검과 대책은 경제성과 안전성을 고려하여 단계적으로 그리고 다층적으로 행해져야 한다. 그러나 재해는 한정된 예산·시간으로 실시되는 점검이나 대책이라는 틈새를 뚫고 발생한다. 이러한 재해를 자세하게 분석하여 점검과 대책의 약점을 극복해야 한다.

(2) 도로방재 점검체계의 현황

도로점검은 '도로방재점검 입문서'$^{(2007년\ 9월)}$, '방재기록카드작성·운용요령'$^{(1996년\ 12월)}$ 등 방재점검과 관련된 요령들$^{((財)도로보전기술센터)}$과 '도로공사 법면 및 사면 안정공사 지침', '낙석대책편람' 등 지침·편람들$^{((社)일본도로협회)}$이 자주 이용되고 있다. 그 외에 독자적 기준을 정해놓은 조직도 있다$^{(NEXCO\ 등)}$. 도로방재점검은 대개 5년에 1회 정도 실시되는데 그 결과는 '대책 필요', '기록카드 점검', '대책 불필요', '점검 불필요' 등으로 구분된다. 최근에는 1996년 이후 10년간 실시하지 않았지만, 직할국도에 대해서는 1996년 이후의 재해분석 등을 근거로 2006년에 팔로우 업(follow-up) 점검차원에서 일부 방법을 개정하여 부분적으로 실시하였다.

기록카드 점검(정기점검)은 도로관리자가 손쉽게 실시할 수 있는 점검으로 도입되었지만 실질적으로는 전문적 판단을 필요로 하는 부분도 많기 때문에 대부분 전문기술자가 실시하고 있다. 단지 전문기술자라 할지라도 경험에 따라 착안점이 다르기 때문에 기록카드 데이터를 분석하여 재해가 일어나기 쉬운 장소의 변화상태나 특징을 지식화하는 것이 중요하다. 특히 기술적으로 어려운 판단을 필요로 하는 경우에는 도로방재분야의 전문가가 현지를 조사하는 경우도 있지만 주로 재해 직후에 하는 경우가 많다. 예를 들어, 카드에 기록된 곳에서도 여러번 재해가 발생한 경우가 있었듯이, 도로사면에 대해 성능설계는 하지 않으면서 영구적으로 안정적일 것이라고 생각했던 시방서형 설계에는 한계가 있다고 판단된다. 덧붙여 불확실한 자연환경 변동이나 복잡한 지질조건으로 사전예측이 매우 어려워서 기록카드만으로는 위험하다고 판단되는 장소에 대해서는 계기를 이용한 모니터링이 필요하다.

(3) 위험장소 추출의 과제

위험장소 추출이 대표적인 도로사면 방재의 과제로는 아래와 같은 항목이 있다.

1. 재해경험의 체계적인 축적
2. 법면·사면의 기초데이터 축적
3. 조사기술자의 기술 향상
4. 조사기술의 고도화
5. 위험장소 평가기술의 고도화

6. 긴급피난 경로도(Hazard map) 등을 사용한 관리기술

　도로사면의 안정의 주 요인인 지형·지질·물성·상태변화 및 변동 등에 대한 조사기술의 고도화가 매우 중요하다. 향후 지형·지질 성상에 관한 조사기술 향상과 함께 지반물성에 관한 조사기술, 상태변화·변동에 관한 조사기술 등도 고도화할 필요가 있다. 또한, 상태변화·변동의 계측, 모니터링 기술도 과거의 기술뿐만 아니라 위성기술이나 유비쿼터스(ubiquitous) 기술 등을 활용하는 등 보다 고도화를 추진해야 한다.

　위험장소 평가기술로는 경험적 기법, 평점법 및 통계해석 방법, 토양의 모델화와 시뮬레이션 등 안정해석을 이용한 기법, 관측·계측을 이용한 기법 등의 기술은 매년 향상되고 있다. 통계해석기법 하나만 보더라도 일반적인 다변량 분석뿐만 아니라 다양한 분석기법이 시도되고 있다. 법면·사면의 기초데이터를 축적한 후 그보다 고도로 위험한 장소를 추출하는 방법을 적절하게 활용함으로써 위험장소 추출 정도를 높여갈 필요가 있다.

7.5 도로이용의 안전 · 안심(도로방재와 감재를 위하여)

(1) 하드웨어적 대책

① 대책공법

　낙석대책으로는 그물이나 기초압일 등의 예방공법으로 발생원을 고정시킬지 예비방호벽이나 방호망, 록 셰드(rock shed: 낙석을 막기 위해 설치된 도로상의 가건물) 등 방호공법을 적용한 대책이 있다. 또한 낙석이

경사면 내에 멈춰 있는 경우와 강우로 인한 토사침식으로 낙석이 발생할 때는 낙석의 근원을 제거함과 동시에 붕괴가 예상될 때에는 사면붕괴대책을 실시한다.

암반사면의 붕괴방지를 위한 대책공법을 선정할 때에는 암반붕괴가 대상경사면의 어디에서 어떠한 형태·규모로 발생하고 어떠한 운동형태를 보일 것인지를 예상한 후에 대책공법을 선정하는 것이 중요하지만 이러한 것을 충분히 평가하기가 어려운 것이 현실이다. 따라서 사면의 안정성평가와 더불어 토목구조물의 중요도 또는 붕괴가 발생했을 경우의 영향 정도 등을 고려하여 대책공법의 선정·감시·관측 정도의 필요성을 종합적으로 판단하는 것이 중요하다.

대책공법의 선정절차는 각 기관별 표준절차가 정해져 있지만 사면의 상황은 다양하게 변화하므로 어떻게 적합한 대책을 실시할 것인가가 품질, 경제성, 유지·관리의 난이도에 많은 영향을 준다. 따라서 적절한 대책공법 선정과 설계기법을 개선해야 할 필요가 있다5). 또한 암반사면에 대해서는 충분한 조사에 근거하여 설계되는 경우가 적으므로 설계시의 조건을 재검토하고 설계변경에 유연하게 대처해나가는 방법을 확립해야 한다. 또한, 시공할 때에는 문제가 없더라도 지반조건에 따라서는 완성된 후에 강우·지하수의 영향으로 붕괴되거나, 시간이 경과함에 따라 건습, 동결, 융해를 반복하면서 풍화·열화가 진행되어 인공사면의 변화·붕괴를 일으키는 경우가 종종 있으므로 시간적 요소를 고려한 대책공법의 검토가 필요하다. 최근에는 옮길 수 없는 지장물이나 토지문제로 인해 법면의 축소가 불가피한 경우도 있지만 이런 경우 도로나 댐과 같은 구조물이 갖는 기능의 필요조건, 안전성, 공사뿐만 아니라 유지·관리까지도 포함한 경제성, 경관·환경문제 등을 고려한 종합적인 판단에 의해 축소를 검토하는 것이 바람직하다.

② 유지·관리

암반사면의 유지·관리에 대해서는 사면붕괴로 인한 재해를 방지하기 위한 억제공법이나 방호공법 등 하드 대책을 구상하는 것도 중요하지만 유지·관리단계에서 일상적인 순찰점검, 감시가 중요하다. 이를 위해서는 점검기법 개선과 각종 정보의 데이터베이스화가 중요하며 순찰을 강화하기 위해 도로방재에 특화된 '도로 지킴이' 등 전문기술자의 육성이 시급하다. 그러나 안전관리는 도로나 시설관리자만의 문제가 아니고, 사회나 지역주민의 참여 등 도로방재대책 조직과 시설이용자 스스로 위험이 닥쳤을 때 피난행동을 유도하는 장치, 토지이용 제한, 보호대상 주택의 이전 등을 촉진하는 제도 등 새로운 사회 시스템을 구축할 필요가 있다.[8][9]

(2) 소프트(Soft) 대책

1968년 일반국도 41호에서 발생한 히다가와(飛騨川) 버스 추락사고를 계기로 일반국도에 호우시 사면, 법면의 붕괴위험도가 높다고 판단되는 구간에 대해서는 폭우시 통행 규제가 실시되었다. 재해를 피하기 위한 소프트 대책인 사전 통행규제는 '이상기후 발생 시 사전통행규제요령'(1969년 4월, 건설성 도로국장이 지방정비국장에게 통지)에 근거하여 실시되었다.

일반국도(국토교통성 직할)의 사전 통행규제시 기준 강우량은 연속 강수량으로 정해져 있는데, 시간당 강우량 2mm/hr 이하가 3시간 지속되는 경우에는 연속 강우량으로 계산하는 방식이다.

한편 고속도로의 사전통행규제에 관한 강우량·사전통행금지규제를 1973년부터 실시하고 있지만, 기준치는 1999년에 전국적으로 통일된 기준치책정방침이 정해졌다. 결과적으로 통행금지 규제기준치는 과거의 강우재해 이력을 통계적으로 처리한 '연속·시간강우량법'으로 설정되어 있다. 일반적 강우재해 예측방법으로는 '연속·시간강우량법', '실효적 강우량법', '토양 강우량법' 등이 있지만, 고속도로는 연장이 긴 연속된 토목구조물을 관리하고 있다는 점을 고려하여 운용시 강우량지표의 간편성, 특별한 설비나 소프트 대책의 필요성 유무, 이용자를 위한 공사방법 등 모든 조건을 비교한 결과, '연속·시간 강우량법'을 채택하였다. '연속·시간 강우량법'은 과거의 강우량을 근간으로 가로축에 연속 강우량, 세로축에 시간 강우량으로 표시한 후 강우이력에서 강우특성을 도출하고 강우피해 등을 감안하여 기준치를 설정하는 방법이다. 이 방법은 과거의 강우량 및 재해 이력을 통계적으로 처리하는 방법으로써, 현존하는 데이터로 기준치를 설정하는 것이 가능하다.

최근에는 지구온난화로 인한 이상기후가 발생하고, 집중호우로 인한 사면붕괴재해가 언제 어디서나 발생하게 되었으며, 간선도로가 장기간 폐쇄되는 사태가 생기고 있다. 국민의 안전·안심한 도로이용 환경을 제공하기 위해서는 지금까지의 경험과 기술을 살리면서 기상변동 등 자연조건을 고려한 재해발생 메커니즘을 규명하고 위험한 장소의 추출을 포함한 해저드 맵에 의한 관리가 필요하고, 공무원·학계·민간의 협동적 대응체제를 구축하는 것도 중요하다.

참고문헌

(1) 古谷尊彦 : ランドスライド—地すべり災害の諸相—, 古谷書院, 1996.
(2) 今村遼平, 岩田建治, 足立勝治, 塚本 哲 : 画でみる地形·地質の基礎知識, 鹿島出版会, 1973
(3) 日本応用地質学会九州支部 : 九州の自然災害, 2007
(4) 土木学会 : 岩盤斜面の安定解析と計測, 1994.
(5) 土木学会 : 岩盤斜面の調査と対策, 1999.

(6) 地盤工学会2007年度会長特別委員会 : 地震と豪雨・洪水による地盤災害を防ぐために，
　―地盤工学からの提言―, 2009.

(7) 1995第9回「大学と科学」公開シンポジウム組織委員会編 : 自然災害と地域社会の防災―
　安全な社会生活を守るために―, クバプロ, 1995.

(8) 河田恵昭 : 都市大災害, 近未来社, 1995

(9) 安部北夫, 秋元律郎編 : 都市災害の科学―市民のライフラインを守―る, 有斐閣選書,
　1972.

제8장

방재에 있어서의 안전·안심

8.1 들어가는 말

이 책의 앞부분에서는 주로 공학적 관점에서 안전·안심 물품제조에 대한 이해방식을 소개하였다. '안전'은 사람과 물건에 손상·손해가 없다고 객관적·과학적으로 판단되는 것, '안심'은 걱정·염려가 없다고 주관적·심리적으로 판단되는 것으로 요약할 수 있다. 공학은 주로 사람, 제품, 구조물 등의 '안전'에 주목해왔다. 지금부터는 제품, 구조물 등의 질적 향상과 사람의 마음을 소중하게 생각하는 것이 중요하며, '안심'을 교육연구에 도입하려는 경향도 높아지고 있다. 따라서 '안전에서 안심으로'를 안전·안심이라 부르고 있다.

방재(防災)·감재(減災)에 대해서도 자연재해의 안전·안심이라고 불리는 경우가 많다. 교토 대학 방재연구소의 야모리 가츠야(矢守克也) 교수는 방재에 대한 안전·안심의 의미[1]에 관해 새로운 연구를 하고 있다. 야모리 교수는 '안심'을 단지 심리적인 문제가 아닌 인간과 인간의 관계성, 사회구조에 관련된 문제로 파악하고 있다. 객관적인 '안전' 확보를 전문가나 행정관에게 위임하고 일반인들은 그것에 근거하여 주관적·심리적 '안심'을 얻는다는 방식에 근거하여 방재에 대한 '안전·안심' 개념을 생각하고 있다고 하였다. 자연재해와 관련된 안전·안심에 대해서는 이러한 방식에 근거하여 일본의 재해 시스템이 구축되어 왔다고 해석된다. 그러나 최근, 방재·감재 정책상의 한계도 지적되고 있다. 공조(公助: 공적기관이 원조하는 것)·공조(共助: 다함께 힘을 합치는 것)·자조(自助: 다른 사람의 힘을 빌리지 않고 혼자서 완수하는 것) 중에서 공조(共助)와 자조가 강조되거나, 공조(公助)에 의존한 재해대책 시스템이 주민의 주체적인 자주 피난 등에 연결되지 않는다는 점 등이 폐해요인으로 지적되고 있다.

제8장에서는 자연재해에 대한 안전·안심, 바꿔 말하면 방재·감재에 대한 일본의 재해환경, 재해를 둘러싼 사회상황을 살펴본 뒤, 재해 아일랜드로도 불리는 규슈의 재해환경과 재해를 극복한 안전·안심에 대한 최근 대처방안을 몇 가지 소개하고자 한다.

8.2 재해 많은 일본의 국토

일본은 위치, 지형, 지질, 기상 등 여러 자연조건 때문에 태풍, 호우, 폭설, 홍수, 토사재해, 지진, 해일, 화산재해 등 자연재해가 발생하기 쉬운 국토이다.

(1) 지진·화산

일본의 국토면적은 세계의 0.25%를 차지하고 있지만, 방재백서에 따르면 진도(Magnitude, 지진의 규모를 나타내는 단위, 기호M) 6.0 이상 지진발생 확률이 20.8%, 활화산 수가 108개로 세계의 7.0%로써 지진과 화산이 매우 많은 나라다. 일본 열도 주변에는 플레이트(板)가 4개 있는데, 지진에는 플레이트가 가라앉아서 생긴 플레이트 경계형 해구에서 발생하는 거대지진과 플레이트의 움직임으로 인해 내륙지역에서 발생하는 지진이 있다. 내륙지역에서 발생하는 지진은 활단층의 움직임으로 인해 발생하는데, 일본의 활단층의 수는 약 2,000개이다. 근래 2000년 돗토리(鳥取) 현 서부지진, 2004년 니가타 현 추에츠(中越) 지진, 2005년 후쿠오카 현 서쪽 앞바다에서 발생한 지진, 2007년 노토(能登) 반도 지진 등과 같이 활단층의 존재가 명확하지 않은 지역에서도 내륙 지진이 발생하였다. 이러한 결과로 보아 일본 어디에서나 진도 7 정도의 지진이 일어날 수 있는 상황임을 알 수 있다.

최근의 화산분화로는 최근에 1990~1995년 운젠후겐다케 분화로 화쇄류(분화구에서 분출된 화산쇄설물과 화산가스의 혼합물이 고속으로 사면을 흐르는 현상)가 빈발한 연속 재해가 일어나 44명의 사망자와 경제적 피해가 발생하였다. 2000년 우스(有珠) 산 분화, 2000년 미야케(三宅) 섬 분화 후에는 큰 피해를 동반하는 분화는 발생하고 있지 않다.

(2) 호우 · 태풍 · 폭설

일본은 대체적으로 온대에 위치하여 사계절이 명확하며 각 시기에는 호우, 태풍, 폭설 등으로 인한 재해가 발생한다. 봄에서 여름으로 가는 환절기에는 장마전선의 정체로 인해서 일본을 중심으로 폭우가 발생한다. 여름부터 가을 동안 일본 열도에는 연평균 10.8개의 태풍이 접근하며 그 중 2.6개가 상륙하여 폭풍을 일으키거나 전선 활동을 자극하여 호우를 발생시킨다. 겨울에는 시베리아 대륙으로부터 불어오는 건조하고 강한 한기가 일본 해상에서 수증기를 받아서 동해(日本海)쪽 지역에서는 눈이 내리고 얼음이 얼게 된다. 최근에는 폭설로 인한 피해가 눈에 띄고 있다.

(3) 홍수 · 토사재해

일본은 가파르고 험준한 지형이기 때문에 하천이 급경사로 이루어져 있어 폭우 발생시 급격하게 하천 유량이 증가하여 홍수로 인한 재해가 발생하기 쉽다. 특히 충적평야를 중심으로 인구나 자산이 집중되어 있고 고밀도로 토지가 이용되고 있기 때문에 하천이나 내수(하천의 물이 외수인데 반해, 제방 내측의 물을 말한다)의 범람으로 인해 피해를 입기 쉽다. 지난 30년간 일본에서 재해로 인해 발생한 사망자는 세계적으로도 매우 적은 수치인 0.4%인 반면에 자산 등의 물적 피해액은 13.4%였다. 그 중 대부분은 홍수로 인한 자산피해이다. 일본은 가파르고 험한 산지나 계곡, 절벽이 많고 지진이나 화산활동도 활발한 국토조건하에 놓여 있다. 또한 태풍과 폭우, 폭설이 발생하기 쉬운 기상조건까지 더해져 토석류, 사태, 절벽붕괴 등 토사재해가 발생하기 쉽다. 일본에는 토사재해 위험지역이 많아 방재공사의 진척률은 낮다. 토사재해는 예측하는 것도 어려워 대책이 곤란한 재해이다.

8.3 변모하는 재해 리스크[2]

각종 방재사업으로 인한 안전도 향상, 기상경보 등 기상예보기술의 진보, 공조(公助) · 공조(共助) · 자조(自助) 등 역할분담을 실시한 방재대책이 도입됨으로써 사회의 재해에 대한 취약성이 경감되고 있다. 여기서는 근래에 단시간 강우량의 증가, 해면 상승 등 자연현상의 변화, 고령화 진행 등 사회환경의 변화에 따라 새로운 과제가 된 방재상의 문제점에 관해 서술하고자 한다.

(1) 단시간 강우의 증가와 수해

2009년 8월 나하(那覇) 시 가부(我部) 천의 급격한 수량 증가(4명 사망), 2008년에는 고베(神戸) 시 도가(都賀) 천의 급격한 수량 증가(5명 사망), 도시마(豊島) 구 하수도관 내의 급격한 수량 증가(1명 사망), 가메마(鹿沼) 시 동북도로를 빠져나가는 도로의 급격한 수량 증가로 인한 침수(1명 사망) 등과 같이 도시부를 중심으로 한 단시간·국지성 폭우로 인한 피해가 각 지역에서 발생하였다. 정식으로 사용되는 기상용어는 아니지만 게릴라성 호우라고도 불린다. 이 외에도 국지성 호우 사례가 매년 빈번하게 발생하고 있다.

단시간 강우의 발생횟수가 증가하는 경향을 보이는 것은 확실하며 일본 기상청의 아메다스(AMeDAS: 일본의 지역기상관측 시스템) 관측점, 1,000지점 당 1시간 강수량 50mm 이상의 발생횟수는 1998~2008년의 11년간 연평균 239회로써 이것은 1976~1986년의 11년간 연평균 160회보다 1.5배가 많은 횟수이다. 이러한 단시간 강우의 증가나 도시화에 따라 발생하는 빗물의 불침투화로 인해, 하수도나 하천 시설규모를 웃도는 다량의 빗물이 도시의 저지대로 흘러들어 내수 범람으로 인한 피해가 발생함과 동시에 고베 시 도가 천의 사례와 같이 중소하천의 급격한 수량 증가로 인한 사고도 발생하고 있다. 또한 자동차가 급격한 물의 유출이나 지하도가 침수된 장소에 진입하여 갇히는 사례가 보고되고 있다. 세계적으로도 대규모 수해가 많이 발생하고 있는데 이는 지구온난화로 인한 기상변동의 영향이라고 생각된다.

(2) 고령화의 진행과 재해

1993년 8월 가고시마 폭우로 인한 재해 사망자의 절반이 고령자였다는 것이 밝혀지면서 고령자 피난대책이 검토되기 시작하였다.

그 후 2004년 7월 니가타·후쿠시마(福島) 및 후쿠이(福井)에서 발생한 폭우에서는 사망자 20명 중 17명이 고령자였다. 특히 2006년 폭설 때에는 지붕 위에서 눈을 치우던 중 발생한 추락사고, 지붕 위에 쌓였던 눈이 떨어지면서 발생한 사고, 무너지는 주택에 깔리는 사고 등으로 인해 세계 제2차 대전 종료 후 두 번째로 많은 152명의 사망자가 발생하였다. 그 중 지붕 위에서 눈을 치우던 중 발생한 추락사고가 3/4이며 그 가운데에서 고령자가 2/3를 차지하였다.

이러한 배경으로는 고령화로 인해 지역 커뮤니티에 있어서 공조(共助)의 힘이 약해졌다는 사실과 가족구성원의 변화로 인해 재해가 발생했을 때 고령자를 구해줄 수 있는 젊은 사람들이 주위에 없어졌다는 사실 등을 생각할 수 있다. 이와 같은 고령화현상은 중산간지역에 많이 존재하는 과소(過疎)지역에서 진행정도가 특히 빨라지고 있다는 조사결과가 있다.

일본은 세계에서도 보기 드문 고령화사회(20.0%(2005년, 실적), 26.0%(2015년, 추계), 35.7% (2050년, 추계))가 될 가능성이 높기 때문에 재해가 발생했을 때 고령사망자가 증가할 것으로 예상된다. 자연재해로 인한 사망자를 줄이기 위해서는 고령자를 포함한 재해발생시 보호가 필요한 사람에게 정보의 전달과 피난대책이 중요하다. 재해발생시 보호가 필요한 사람에게 피난을 도울 수 있는 지원체제의 촉진과 더불어 복지·간호 등에 사용되는 공학기술이 재해 시 피난지원에 활용될 수 있는지 여부가 검토되고 있다.

(3) 인적 피해상황

1945~1960년경에 전쟁으로 황폐해진 일본 국토에 대형 태풍, 지진 등이 덮쳐 매년 1,000명 이상의 사람이 목숨을 잃었다. 1959년 이세(伊勢) 만 태풍 이후에는 사망자 수가 점점 감소하여 장기적으로

는 감소추세에 있다. 이것은 국토보전사업으로 인한 방재시설 정비, 기상경보 등의 정비, 재해대책기본법에 따라 방재체제를 정비한 결과이다. 그러나 1995년 한신·아와지 대지진으로 인한 거대한 재해는 현재의 방재 시스템으로는 한계가 있다는 것을 보여주었다.

일본 내각부가 정리한 1998년 ~2007년까지 10년간 통계에 따르면 자연재해로 인해 발생한 희생자 수는 1,192명이다(표 8.1). 재해의 내용을 보면 규슈가 많은 풍수해를 입어 피해의 절반 이상을 차지하고 있다. 지난 몇 년 동안 눈에 띄는 것이 앞에서 서술한 폭설로 인해 고령자들이 입은 피해이다. 지진으로 인한 사망의 반 이상은 피난처에서 스트레스로 사망한 고령자의 병사, 차로 피난하다 사망한 이코노미 클래스 증후군(비행기 등 장시간 좁은 좌석에 앉아 있을 경우 발병하는 질환)이 있다. 2005년 후쿠오카 현 서쪽 바다에서 발생한 지진에서도 피난생활 중에 고령자가 사망한 경우는 지진재해 전에 비해 1.5배에 달하였다. 지진재해와 다르게 지난 10년간 화산분화로 인한 희생자는 발생하지 않고 있다. 그동안 2000년 우스 산 분화와 2000년 미야케 섬 분화가 있었지만 사전에 대피하여 피해를 면할 수 있었다. 이처럼 화산재해 면에서는 희생자 제로의 상태를 달성한 반면, 화산재해 대책이나 예방대책 등에 투자는 미비하여 화산관측기계의 갱신이나 연구자 육성이 늦어지는 원인이 되고 있다.

내각부는 2007년 12월에 자연재해로 인한 '희생자 제로'를 목표로 하는 대처방안으로서 실제 직면할 가능성이 높은 재해피해 사례에 관해 필요한 대책을 정리하였으며 2008년 4월에 하드와 소프트 측면에서의 추진을 위한 종합계획을 수립하였다.

표 8.1 과거 10년 동안 발생한 희생자 수와 그 원인(내각부 방재담당 작성)

재해 종류	과거 10년 동안 발생한 희생자 수	희생요인 분류와 과거 10년 동안의 희생자 수(명)	
지진	90명 (7.6%)	지진으로 인한 건물붕괴 · 화재	20
		지진 후에 피난처에서 발생한 사망	40
		기타(피로 · 과로, 토사붕괴 등) · 행방불명	30
화산	0명 (0.0%)	화산 분화로 인한 화쇄류나 분석(噴石)의 직격	0
풍수재해	654명 (54.9%)	태풍이나 폭우로 인한 토사재해	160
		태풍이나 폭우 발생 시 외출로 인한 사고	172
		기타(쓰러지는 나무, 익사, 지붕에서 추락사고 등)	142
		원인불명 · 집계불가	180
설해	434명 (36.4%)	폭설 시 눈을 제거하는 도중 발생하는 사고	113
		기타(눈에 의한 압사, 지붕 붕괴로 인한 압사 등)	40
		원인불명 · 집계불가	281
기타	14명 (1.2%)	낙석, 벼락, 강풍, 파도 등	14
합계	1,192명 (100%)		

8.4 재해 아이랜드 규슈

(1) 빈번한 토사재해와 희생자 제로를 위한 대처

규슈는 태풍, 호우, 해일, 화산분화로 인한 재해가 많아 재해 아일랜드라고 불린다. 특히 태풍, 호우, 화산분화에 따른 토사재해 피해가 많이 발생한다. 국토교통성 규슈지방정비국이 정리한 규슈지구 토사재해 발생건수와 사망자·행방불명자 수를 그림 8.1에서 나타내었다. 1998~2008년의 11년간 토사재해 발생건수는 2,550건으로 전국의 21%, 사망자·행방불명자 수는 58명으로 전국의 25%를 차지하고 있다. 규슈 면적이 전국 면적의 10.3%라는 것을 고려하면 규슈에서 발생하는 토사재해가 여전히 많은 것을 알 수 있다. 2005년 7월에는 구마모토(熊本) 현 미나마타(水俣) 시에서 발생한 토사재해, 2007년 9월에는 14호 태풍에 의해 가고시마 현, 미야자키(宮崎) 현 등에서 피해가 발생하였다.

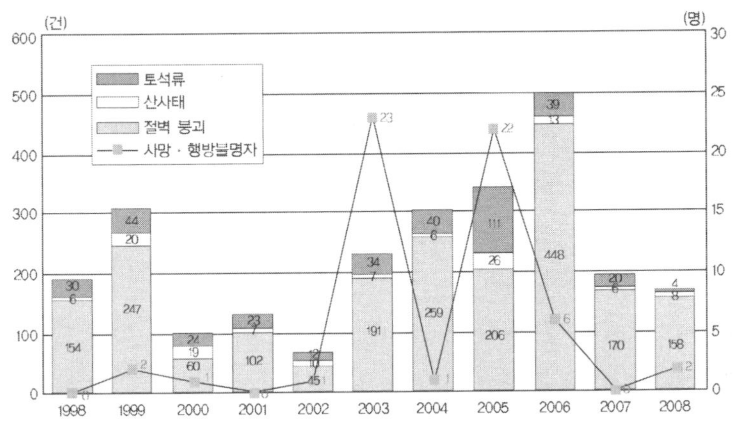

그림 8.1 규슈의 토사재해 발생건수와 사망자·행방불명자 수
(국토교통성 규슈지방정비국)

규슈의 토석류, 사태, 급경사지(절벽) 등 토사재해 위험장소 43,539개소에 대한 2008년 말 기준 정비율은 약 20%로 전국 정비율인 약 23%와 비슷한 정도이다. 규슈의 위험장소 개수는 전국의 20%를 차지하며 특히 나가사키 현의 토석류, 사태, 급경사지 위험장소는 규슈 내에서 가장 많고, 위험장소 개수는 9,075개소로서 히로시마(広島)

현 다음으로 전국 2위이다. 어려운 재정상황으로 인해 향후 정비가 늦어질 것이 예상된다. 이 때문에 자연재해로 인한 희생자 제로를 위한 대책으로서 고령자·장애인 입주시설, 방재거점, 피난처에 중점적인 한 토사재해 대책을 실시하고 있다. 또한 피난체제를 강화하기 위해 토사재해 해저드 맵 작성과 피난훈련의 촉진, 5일 전의 태풍예보 실시, 기초지자체(市, 町, 村) 단위의 경보 발령 등 기상정보를 충실히 전하는 소프트 대책을 추진하고 있다.

(2) 토사재해방지법과 운용

주택지의 교외입지 등에 의해 토사재해 위험장소의 수가 계속 증가하여 정비가 끝난 장소의 수를 초과하는 상황이 이어지자 1999년 6월 히로시마 호우재해 후에 토사재해방지법이 제정되었다. 지금까지 위험장소에 대해 실시된 방재공사와 동시에 근본적으로 위험한 지구에 주택을 건설하는 것을 사전에 방지하는 조치로서 일정 개발행위를 제한하거나 건축물의 구조규제 등을 포함하고 있다. 토사재해방지법에서는 광역지자체(都道府県)가 기초조사를 실시하여 토사재해경계구역(통칭 옐로우 존)과 토사재해특별경계구역(통칭 레드 존)을 기초지자체의 동의를 받아 지정하였다.

지정구역 내에서 실시하는 대책에 대해서는 기초지자체의 위기관리국이 경계피난체제를 정비하고 이에 관한 사항을 주민에게 알리도록 되어 있다. 경계피난의 기초가 되는 토사재해 발생에 관련된 강우량 기준은 광역지자체 토목부문의 사방공사 담당이 누적 강우량과 시간 강우량을 사용하여 작성하고 있다. 이러한 기준은 토사재해 강우량정보로서, 기초지자체나 인터넷을 통하여 일반에게도 제공된다. 그러나 기상업무법에 준거한 정보가 아니기 때문에 참고정보로만 사용되었고 기초지자체의 피난광고나 주민들이 자진해서 피난할 때는 활용되지 못하였다. 또한 누적 강우량을 사용하고 있어 폭우경보나 주의보가 발표되지 않는 경우에도 토사재해 강우량 정보를 내놓기 때문에 지역 방재계획에 근거한 재해경계본부 설치 등 경계태세를 취할 수 없다는 점도 있다.

그 후 토사재해에 대해 특화된 이 정보를 기초지자체의 경계피난체제에 활용하기 위해 기상청과 광역지자체가 공동으로 발표한 기상업무법을 바탕으로 한 토사재해경계정보가 신설되었다. 이 정보는 가고시마 현에서 2005년 9월 1일에 사용되기 시작하였다. 2008년 3월 말까지는 모든 광역지자체에서도 사용되기 시작하였다. 또한 경계피난체제를 정확하게 하기 위해서 폭우경보 발표시에 이 정보를 발표하도록 하는 경보발표기준이 재정비되었다. 이 정보에 대해서는 발표시 발생·비발생 등 적중률, 포착률 등을 위한 데이터의 질적 수준의 향상이 요구되고 있다.

(3) 토사재해방지법의 과제 – 광역지자체와 기초지자체의 연계

광역지자체가 지정한 토사재해 경계구역 등은 기초지자체가 토사재해 해저드 맵을 작성하는 기초자료가 된다. 그러나 설명으로만 정보를 제공하기 때문에 토사재해 해저드 맵을 광역지자체와 기초지자체가 협력하여 작성하는 데까지는 이르지 못하고 있다. 정보를 넘겨받는 부서가 업무와 관계가 없는 토목부문에서 총무부문으로 넘겨지는 것도 원인 중 하나이다. 그렇기 때문에 토사재해 해저드 맵 작성이나 토사재해 경계정보를 피난광고기준에 적용하는 것은 그다지 진척되지 못하고 있다. 2009년 7월 21일에 발생한 야마구치 호우재해에서는 토사재해가 빈번하였다. 토사재해 피해가 많았던 호후(防府) 시에서는 토사재해 해저드 맵이 작성되지 못하여 토사재해 경계정보를 활용하지 못하였다. 토사재해 경계정보가 발표된 직후부터 시내의 침수를 확인하고 대응하는데 쫓겨 토사재해에 대한 경계는 특별히 없었다. 야마구치 현 시모노세키(下関) 시에서는 토사재해 해저드 맵이 작성되었고, 한편 토사재해 경계정보시 야마구치 현 재해경계레벨의 위험레벨에 도달한 지점을 확인하여 해당지역에 피난권고 등을 발령하는 시스템이 정비되었다. 시모노세키 시는 이 시스템으로 야마구치 현에서는 유일하게 피난준비정보를 발령하였다.

토사재해 특별경계구역 내의 특별개발행위에 대해 허가제, 건축규제, 이전 등의 권고와 이전 희망자에 대한 융자 등에 대해서는 기초지자체의 도시계획·주택국이 주체가 되어 실시하게 되었다. 이에 관해서는 사적 권리의 제한이나 이전에 따른 자금 확보 등의 제도설계가 불충분하지만 아직 새로운 제안이 제시되지 못하고 있다.

규슈의 토사재해 경계구역 등의 지정률은 토사재해 경계구역 14.9% (그 중 토사재해 특별경계구역 5.0%)로 전국 지정율의 절반 정도이다. 토사재해 경계구역 지정 우선순위 및 토사재해 특별경계구역 지정, 공개방법 등은 광역지자체에 따라 다르다. 나가사키 현에는 경사지가 많고 인구가 집중되어 있는 나가사키 시와 사세보 시를 우선적으로 지정하였다. 나가사키 시와 사세보 시는 기존 기사지에서는 택지개발 압력이 적고, 한편 도시계획으로 시가지화 조정구역이 지정되어 있는 지역이기도 하다. 콤팩트 시티(Compact City: 압축도시) 추진과 연계한 도시 만들기(まちづくり)로 특별경계구역 내 주택이전이 해결될 것으로 판단된다.

8.5 규슈의 안전·안심에 대한 대응

(1) 규슈지방정비국의 방재에 대한 대응

① 규슈방재정보공유연락회

2008년 10월에 미야자키 시에서 지진해일(쓰나미)로 인한 피해를 경감시키려는 목적으로 국토교통청 규슈지방정비국은 대규모 해일방재 종합훈련을 개최하였다. 방재관계기관 76개소와 연안지역 주민이 협력하여 지진·해일정보의 수집·전달, 주민 피난훈련, 이재민 구조, 응급복구훈련, 물자운송훈련 등을 실시하였다. 이 훈련에서 대규모재해에 대응할 때에는 각 기관의 정보공유와 관계기관의 연계·협력이 중요하며 효과적이라는 것을 인식하게 되었다. 규슈지방정비국은 대규모의 자연재해가 많은 규슈에 규슈방재정보공유연락회를 설치하여 대규모 재해발생 시의 대응에 관한 정보를 공유·연계 및 조정할 것을 제안하였다.

구체적으로는 아래와 같은 구상을 제안하였다.

- 규슈지방정비국이 소유하고 있는 방재정보통신 네트워크를 활용하여 관계기관과 협력하기 위해 정보공유를 위한 체제를 강화한다. 규슈방재정보공유연락회의 구성기관이 효율적인 방재정보 통신망을 활용함으로써 신속하고 정확하게 대응할 수 있게 되었다.

- 지역이나 개인의 방재 능력을 향상시키기 위하여 필요한 정보를 정확하게 제공하기 위한 대응방안을 적극적으로 실시한다.

- 재해발생 시 피해현장의 요구에 대응할 수 있도록 장비 및 전문공사 사업자의 기술력, 복구기자재 등의 배치상황을 파악하여 정비함과 동시에 이러한 정보를 행정기관과 관련단체가 공

유할 수 있는 네트워크를 형성한다.

이상의 목적을 달성하기 위해 규슈방재정보공유연락회 구성안으로써 지정 지방행정기관, 자위대, 현·정령 지정도시, 지정 공공기관, 대학 등, 보도기관, 방재관계법인 등 148개의 기관이 포함되었다. 또한, 정보공유사항으로는 헬리콥터 정보, 하천·도로 공간 감시화상, 피해장소의 화상(위성), 정보, 강우량·수위정보, 도로규제 정보, 기상정보, 지도정보, 피해정보, 방재활동 정보, 텔레비전 화상회의 등을 제안하였다.

위와 같은 구상을 바탕으로 규슈지방정비국은 구성기관과 협의, 대학관계자 등의 조언을 받아 구상을 확정하였다. 2009년 4월에 규슈방재정보공유연락회가 발족되어 그 당시의 구체적인 대응방안으로 규슈 내의 방재정보 등을 열람할 수 있는 규슈 방재 포털사이트(링크집)의 작성을 제안하였다. 시험제작을 거쳐 규슈 방재 포털사이트가 6월에 개설되었다(그림 8.2). 규슈방재정보공유연락회는 이 사이트를 각 기관, 단체 홈페이지에 게재하여 줄 것을 의뢰하였다. 또한 휴대전화로도 접속할 수 있는 규슈 방재 휴대전화 사이트를 2009년 11월에 개설하였다.

규슈 지구의 대학이 규슈방재정보공유연락회에 기여할 수 있는 것은 정보공유를 통해 재해와 복구시에 정확한 조언을 하는 것과 지역 및 개인이 지역 방재능력을 향상시키는 방재교육 등 계발활동 체제를 실현하는 것이다. 또한 규슈지방정비국이 소유하고 있는 하천 수위 등의 정보를 실시간으로 수신하기 위해서는 광케이블 등 인프라 정비와 유지비 확보 등의 과제가 남아 있다. 각종 정보를 일원화하여 공유하고 복구대책이나 부흥대책을 실시하기 위해서는 웹상의 디지털 맵(Digital Map)에 집약된 지리정보시스템(GIS)을 활용하는 것이 효율적이며 이는 이미 니가타 현 추에츠 지진복구·부흥 GIS

프로젝트에서 활용되고 있다.

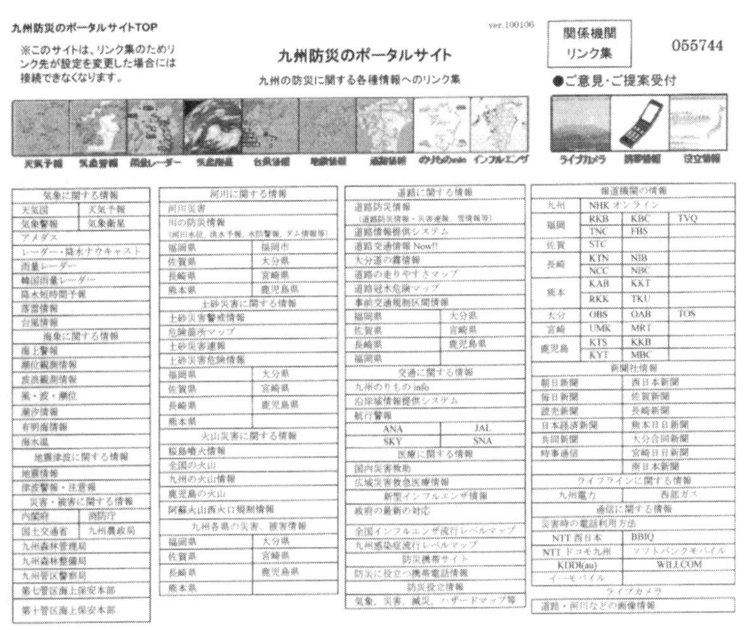

그림 8.2 규슈 방재 포털사이트(국토교통성 규슈지방정비국)

② 긴급재해대책 파견전문가

국토교통성은 2008년 5월에 재해발생 시 피해지에 전문직원을 파견하는 긴급재해대책파견대(TEC FORCE) 제도를 도입하였다. 또한 규슈지방정비국에서는 관활하고 있는 하천·도로·사방시설 등 관계업무에 대해 재해복구 등 기술지도·조언을 하는 규슈지방정비국 긴급재해대책 파견전문가(TEC DOCTOR) 제도를 2008년 6월에 창설하였다. 지금까지 국토교통성에서는 관리시설 피해장소나 방재점검 장소의 복구 및 대책공사 중에 고도의 기술이나 전문적인 지식을 필요로 하는 경우에는 그때마다 학술경험자의 기술지도·조언을 받아서 방법 등을 점검하며 대책공사를 실시해왔다. 최근 재해발생 등 긴급 시에 관할 관리시설의 빠른 복구는 물론, 광역지자체나 기초지자체로부터 도로·하천 및 사태 및 사방사업에 이르기까지 신속한 복구를 위한 많은 기술지원 요청에 대응한 것이다. 광범위하고 다양한 피해상황에 기동적이고 신속·정확하게 대응하기 위해 규슈 지구 대학관계자로부터 전문분야나 지역사정에 정통한 정보를 근거로 하여 규슈지방정비국이 긴급재해대책 파견전문가를 위촉하는 시스템을 도입하였다. 이 제도가 처음 도입된 2008년도에는 29명이 위촉되어 광역지자체·기초지자체를 포함한 재해지의 복구대책 등 기술지도·조언을 실시하였다.

③ 규슈토사재해대책간담회

앞에서 서술한 바와 같이 규슈는 토사재해 위험장소가 많아 토사재해로 인한 사망자가 많은 지역이다. 이와 같은 배경에서 규슈지방정비국은 2009년 2월, 대규모 토사재해에 대한 위기관리의 일환으로 규슈토사재해대책간담회를 설치하였다. 이는 평소부터 직할 사방사업이나 토사재해대책에 관한 위원회활동 등을 통해 조언하고 있는 대학 연구자와 규슈지방정비국 담당자가 모여 방재정보를 공유하고, 위기관리에 대한 의견을 교환하는 것이다. 항상 관계자와 대면할 수 있는 상황을 유지하여 재해시에 신속하고 정확한 위기관리행동(대응)이 실시되도록 체제를 강화하는 것을 목적으로 하고 있다. 또한 행정기관과 대학 연구자의 솔직한 의견교환에서부터 행정담당자의 인사이동에 따른 데이터 관리나 대책의 일관성 확보, 연구자와 실무자 간의 시점차, 양쪽의 연계·역할분담이 논의되고 있다. 여기서의 논의로부터 연구자와 실무자가 협력하여 규슈의 독자적, 효율적 토사재해대책을 창출할 수 있을 것이라고 생각된다.

(2) 규슈·오키나와 지구 국립대학 방재·환경 네트워크

2006년 4월에 개최된 국립대학협회 규슈지구지부 총장회의에서 ' "규슈는 하나"를 콘셉트로 지부 내 여러 대학이 교육·연구 등을 협력하여 실행하는 방법이 효과적이면서 효율성이 높을 것이라는 인식 하에 각 대학 간의 제휴 가능성을 부총장급 레벨에서 검토하는 자리를 마련하자'는 제안이 있었다. 규슈 지사회의 도주제(道州制, 행정구역으로 도와 주를 두자는 제도) 논의 및 경제단체연합회 미타라이 후지오(手洗富士) 부회장의 대규슈 대학 구상이 이루어진 시기와 겹쳐 규슈 대학 가지야마 치사토(梶山千里) 총장의 제안을 받아들인 것이다. 이러한 제안으로 2006년 8월에 개최된 규슈지구 국립대학 총장회의에서 규슈지구 국립대학 간 협력을 위한 기획위원회(담당자 나가사키 대학 사이토 히로시(斎藤寛) 총장)가 설치되어 8개의 사업의 제휴 가능성에 대한 공통인식을 가지게 되었다. 이 중 교육분야에서는 심포지엄 부회와 합동설명회부회(입시 희망자대상), 연구분야에서는 방재·환경네트워크부회와 리포지터리(Repository: 인터넷 상의 전자공개 서고)부회(심사제도가 있는 정기간행물의 발행) 등 4가지가 실시되었다.

방재·환경네트워크부회에서는 규슈 대학 아리카와 세츠오(有川節夫) 이사·부총장이 회장을 맡고 사무는 규슈 대학이 담당하고 있다. 규슈 지구 대학 간 전략적 협력을 구체적으로 추진하는 활동을 시작하여 각 대학의 방재, 환경 또는 의료분야 연구자 175명이 네트워크에 등록하였다. 2007년 8월에는 나가사키 대학에서 '방재·환경네트워크 공개토론회 2007 in 나가사키'를 개최하였다(그림 8.3). 이 심포지엄에서 논의된 내용을 바탕으로 방재·환경네트워크 나가사키 선언이 채택되었다. 또한 재해에 강한 사회구축을 위해 방재·환경네트워크부회는 각 대학의 특징을 살리고 지역성까지 고려하여 '규슈는 하나'라는 이념 아래 '협력'을 키워드로 다음의 4가지 항목에 적극적으로 임하기로 하였다.

　① 대학 간 협력

　② 지역(주민, NPO 등)과의 협력·지역에 대한 공헌

　③ 행정기관과의 협력

　④ '형체 없는 연구소' 설립

　①의 대학 간 협력에 관해서는 연구자 등록 외에도 방재에 관련된 강의과목 조사, 교육·연구·사회공헌을 협력하여 실시하는 것을 목적으로 한 전략적 대학협력 협력지원사업을 신청하였다.

　②의 지역과의 협력·지역에 대한 공헌에 대해서는 2008년 7월 9월에 후쿠오카 시에서 일반시민이나 기술자를 대상으로 한 세미나와 포럼을 개최하였다.

　③의 행정기관과의 협력은 국토교통성 규슈지방정비국과 구체적인 계획이 진행되고 있어 이미 규슈방재정보공유연락회가 2009년 4월에 발족되었다.

　④의 '형체 없는 연구소'의 설립에 대해서는 각 대학에 거점이 되는 센터 설치가 진행되어 나가사키 대학 공학부 안전공학교육센터, 류큐(琉球) 대학 도서(島嶼)방재연구센터가 설치되었다. 그 외에 지역의 공립, 사립대학 등과의 협력도 별도로 진행되고 있다.

　향후 예정되어 있는 대학의 기능적 분화 중에서 연구, 교육, 지역공헌에 관한 대학의 입장 차이가 명료해질 것으로 예상된다. 일률적인 협력에는 무리가 있지만 방재·감재를 위해서 협력은 불가결하며 관계자의 의욕적인 대처가 필요하다.

그림 8.3   방재·환경네트워크 공개토론회 2007 in 나가사키

(3) 대학들의 위기관리 프로그램

2005년 후쿠오카 현 서쪽 바다에서 지진이 발생하였다. 갑작스러운 큰 지진에 인한 진동으로 후쿠오카 현에 위치한 대학들은 여러 가지 대응에 쫓겨 현장에서는 원활한 대응이 불가능했다는 보고가 있었다. 또한 규슈에서는 대형 태풍의 기습이나 전선활동으로 인한 호우재해가 매년 발생하고 있으며 대학에서 학생들에게 휴강통지나 피난유도 등 재해에 대한 적절한 대응이 문제가 되고 있다.

또한 각 대학(전문대학, 고등공업전문학교를 포함)에서는 지금까지 방재 및 안전·안심교육의 관점에서 학생 및 교직원들에게 방재훈련 실시와 방재안내 등의 배포를 비롯한 재해대책이 강구하여 왔다. 그러나

아무리 재해 발생을 대비하여 방재대책을 강구해도 재해를 경험하는 것이 일생에서 극히 드문 일이기 때문에 그 중요성이 약화되기 쉽다. 우리는 언제라도 대지진이나 호우재해가 발생할 수 있는 지역에 살고 있기 때문에 이에 대한 적절한 대응이 매우 힘들다는 사실을 자각할 필요가 있다. 만일 재해가 발생했을 경우, 각 대학에서는 학교 내의 위기관리 대응뿐만 아니라 교육기관으로서 사회적 신뢰나 이미지를 잃지 않기 위해서라도 지역의 일원으로서 이웃 피해지역에 적절한 지원활동을 할 필요가 있다.

방재를 포함하여 안전·안심은 재학생·교직원뿐만 아니라 보호자에게도 중요하며 어느 대학에서나 필요한 사항이다. 안전·안심은 대학을 선전하는 한 가지 방법이 될 수 있다. 또한 요즈음 기업에서 보이는 불상사의 전말처럼 위기관리의 성공여부는 조직의 존속에 관련된 문제가 될 수도 있다. 대학도 모두 같은 상황이지만 법인화 후 국립대학에서는 교직원의 안전관리에는 노동기준법이 적용되는 반면 학생에게는 적용되지 않는다. 학생지원의 일환으로서 위기관리에 신경을 쓰고 있으며, 이 때문에 교직원·지역을 포함한 종합적인 위기관리 프로그램이 필요하다. 대규모 지진 발생이 예상되는 지역이나 피해지역에 위치한 대학에서는 지진을 대상으로 하는 대학 위기관리 프로그램을 작성하고 있지만, 규슈에서 자주 발생하는 태풍, 홍수, 토사재해에 대한 위기관리 프로그램은 아직 부족한 실정이다.

□ 독립행정법인(独)일본학생지원기구 규슈지부

(独)일본학생지원기구 규슈지부 후쿠오카 사무실에서는 2006~2007년도에 규슈지구의 각 대학 교직원들을 대상으로 위기관리의식 향상, 재해발생 전의 방지대책과 계발활동, 발생시 신속하고 적절하

게 대처할 수 있는 기술(Skill UP) 습득을 목적으로 방재관계 연구자, 대학위기관리 담당이나 방재기관의 협력을 얻어 '자연재해에 관한 위기관리대책 프로그램'을 실시하였다. '자연재해에 관한 위기관리 대책 프로그램'은 크게 두 가지로 분류된다. 첫째는 재해 발생 시 바람직한 대학의 위기관리대책 등에 대한 자연재해 체험담이나 전 문가의 강연, 후쿠오카 시 시민국 방재·위기관리과의 롤 플레이 DIG(지도를 사용하여 방재대책을 검토하는 훈련) 등에 대한 포럼의 개최이다.

포럼의 역할은 당연히 재해가 발생했을 때에 신속하고 정확한 판 단을 할 수 있도록 하는 것이다. 포럼 강사인 규슈 대학 마츠나가 가츠야(松永勝也) 명예교수는 '인간은 경험하지 못한 것에 대해서는 대응하지 못하기 때문에 훈련이 중요하다'라고 항상 언급하고 있다. 1982년 7월 23일 저녁에 발생한 나가사키 호우재해 당시 자동차 피 해가 2만 대에 달했고 홍수에 휩쓸려 사망한 사람 중에 40%가 운전 자였다. 당시 택시 피해는 거의 없었다. 조사결과 시내를 주행 중이 던 택시로부터 도로침수 정보가 무선으로 영업소에 전달되었으며, 이래서는 차를 운행할 수 없다고 판단한 운행관리자가 '높은 지대 로 대피하라'고 연락하여 피해를 면할 수 있었다. 한편 정보가 없었 던 일반 운전자들은 귀가하려는 일념으로 갈 수 있을 데까지 가자 고 하여 피해를 당했다. 나가사키 호우재해 당시 정보전달이나 피 난행동에 대해서는 도쿄 대학 신문연구소의 히로이 오사부(広井脩) 선생 그룹이 조사하였다. 그룹 중 한 명인 이케다 겐이치(池田謙一) 현 도쿄 대학 문학부 교수는 조사결과를 바탕으로 재해발생 등 긴 급시 인간행동에 영향을 미치는 요인으로써,

1. 직면한 사태의 이상현상·중대성을 인정하고 있는가
2. 사태에 적절하게 대응하는 행동을 알고 있는가
3. 절박감을 느끼고 있는가

를 거론하였다. 이 3가지는 피해를 줄이기 위한 3요소라고도 불린다.

다른 한 가지는 '대학들을 위한 위기관리 매뉴얼 작성 가이드(자연재해 편)5)'(그림 8.4)와 팸플릿 '방재 매뉴얼(자연재해편)'을 작성하였다. 자연재해에 대한 위기관리대책프로그램연구회는 위기관리대책에 앞서가고 있는 대학이나 지자체의 시책사례를 참고로, 특히 위기관리 매뉴얼 작성에 관한 구체적 사례를 들어 대학들의 위기관리 매뉴얼 작성에 참고가 될 만한 내용을 중점적으로 편집하였다. 위기관리 매뉴얼은 자연재해에 대한 위기관리를 실행하기 위하여 필요한 사항을 참고로 그것들에 대해 대학 교직원들의 의식향상과 재해가 발생했을 때 대응능력 향상을 목표로 리스크 예방·회피 및 재해발생 시에 인명의 안전 확보와 피해 억제·경감, 2차 재해 방지, 조기 업무재개를 도모하고 교육기관으로서 사회적 책임을 다할 것을 목적으로 작성되었다. 이는 후에 규슈 지구의 각 대학에 제공되었다.

그림 8.4 대학들을 위한 위기관리 매뉴얼 작성 가이드 −자연재해편−

□ 대학마다 위기관리 프로그램을 작성하고 지속적으로 협력한다

재해의 특성은, 예를 들어 같은 폭우가 내려도 토지이용, 생활양식, 우리가 사용하는 물건에 따라서 현저히 다르다. 이 때문에 지역에 맞는 재해대책이 실행되고 있다. 대학의 위기관리 프로그램도 동일하게 '대학을 위한 위기관리 매뉴얼 작성 가이드'를 비롯하여 견본이 될 만한 세이난(西南) 학원대학, 가가와(香川) 대학, 니가타 대학 등의 사례, 경제단체연합회 등이 착수하고 있는 기업사업 지속 프로그램(BCP)을 참고로 하여 소속된 대학의 특색, 규모, 관리체제 등에 대응하는 위기관리 프로그램 작성이 바람직하다.

또한 지역주민과 함께 참여할 뿐만 아니라 학생, 교직원 한 사람 한 사람이 위기대응에 대한 역할을 스스로 인식하여 그 책임을 다해 나가기를 기대한다.

재해교훈의 계승 및 활용과 같이 위기관리 프로그램에 대해서도 구체적인 운용교훈의 활용이나 재검토가 필요하고, 여기에는 대학 간의 협력에 의한 지속적인 대응이 바람직하다. 이번의 일본학생지원기구 규슈지부 프로젝트는 이러한 계기와 동기부여를 위해 충분한 역할을 했다고 평가된다. 향후 규슈지구의 대학들이 협력하여 대응하는 것이 중요하며 이는 대학측의 임무라 생각된다. 이번을 계기로 위기관리 시스템에 관한 협의회 등이 설립되기를 기대한다. 앞으로는 대학 간의 협력으로 말미암아 대규모의 재해가 발생했을 때에는 피해를 입은 대학의 학생을 귀향지의 대학이 받아주는 시스템 등의 협력을 기대한다.

8.6 공학포럼(Forum) 2009 '안전 · 안심'

(1) 테마로서의 안전 · 안심

53개 국립대학 공학계열의 학부장회의와 요미우리(読売) 신문사 주최로 공학포럼 2009 '안전 · 안심을 뒷받침하는 과학기술과 지속가능한 사회 실현'이 2009년 9월 21일 도쿄 오테(大手)에 위치한 산케이프라자에서 개최되었다. '공학포럼'은 공학의 알려 지지 않은 매력을 어필하고 보다 친밀하게 느끼도록 하려는 목적으로 2008년부터 개최되어 왔다. 2009년에는,

① 공학이 '생활하고 있는 사람들'과 '젊은이'의 시점에서 보다 가까워질 수 있는 테마

② 참석한 사람들이 작성한 설문조사에서 매우 관심이 높았던 테마(안전 · 안심)

③ 정부의 '안심사회 실현회의'가 2009년 4월에 설치된 것

을 배경으로 안전 · 안심이 테마로 채택되었다. 포럼에서는 위와 같은 테마와 관련된 최첨단 연구와 생활자의 시점에서 바라본 실용적인 사례를 채택하여 '안전 · 안심'을 뒷받침하는 '공학', '과학기술'에 관해 논의하고 기술적인 문제에 그치지 않고 과학이 뒷받침하는 '마음의 안전 · 안심'까지 아우르는 것을 목적으로 하였다. 공학의 미래를 창조하는 WG가 심사하고 치바(千葉) 대학 노구치 히로시(野口 博) 공학부장 지휘 하에 준비가 진행되어 전국의 대학 공학부에 대해 안전 · 안심에 관한 최첨단 연구와 생활자의 시점에서 바라본 실제사례에 관한 설문조사가 실시되었다. 필자는 설문조사로부터 얻은 대학연구 중에 방재와 시설 유지 · 관리에 관한 연구를 정리하여 토론회에서 소개하였다. 여기에서는 방재연구 내용을 소개하고자 한다.

(2) 대학에서의 방재연구

최근 자연재해의 특징을 살펴보면, 지진은 21세기 전·후반에 도카이(東海)·도난카이(東南海)·난카이(南海) 지진이나 수도직하 지진(수도권을 진원으로 하는 지진) 등이 발생할 것이라고 예측되고 있다. 그 외에 활단층이 명확하지 않은 지역에서도 전국적으로 진도 7 정도의 지진이 빈번하게 발생하고 있다. 다음으로 지구온난화 등의 영향으로 전국에서 기록적인 폭우가 빈번하게 발생하고 게릴라성 호우라는 말이 생겨났으며, 급격한 하천·하수도의 수량증가, 도로침수현상, 지하상가의 홍수 발생, 후쿠오카 시나 도쿄 도에서 지하 홍수 등이 자주 발생하고 있다. 또한 폭설지대에서는 지붕에서 눈을 치우던 고령자들이 추락하는 등 피해가 점점 증가하고 있다. 더욱이 일본은 활화산이 시가지에 근접해 있는 경우가 많은 것으로 알려져 있다. 현재 활화산의 활동이 휴지기이기는 하지만 일단 화산이 분화하면 화산재해는 장기화·대규모화될 것이다.

이번 설문조사를 바탕으로 재해연구를 크게 분류해 보면 지진재해가 약 72%, 풍수재해가 17%를 차지하고 있다(표 8.2). 지진의 경우에는 내진구조와 지반에 관련된 사항이 많으며 풍수재해에서는 사면붕괴·사태 등 토사재해가 많았다. 자연재해를 줄이기 위해 공학기술의 공통사항을 정리하면 지역방재계획, 피난대책, 방재정보 시스템에 관련하여 진행되고 있는 연구가 많다. 또한 신기술의 활용, 대학 간 협력, 산관학(産官学) 협력 등을 들 수 있다. 지진대책으로는 도카이 지진과 관련된 지역에서 연구가 진행되고 있으며, 예를 들자면 아이치 현 내의 3개 대학이 협력하여 실험시설의 효율적 운용을 통해 지진재해 경감사업에 착수하였다. 이 사업에서는 저렴한 내진수리공법의 개발 등이 이루어지고 있다.

표 8.2 재해연구 설문조사 분류(재해별)

재해 종류	대 책	대 상	내 용	소 계	합 계
지진재해	하드	지진관측·미리 공지	전자탐사, GPS, 전자기 관측	4	54 (72%)
		지반	액상화, 성토(盛土), 경사면의 안정평가	12	
		지진성 해일	해변암벽 정비	1	
		내진구조	내진성, 지진을 감소시키는 장치	13	
		내진보강	토목구조 주택, 응급긴급보강, RC, 석구조물	6	
		Life Line	전력공급, 지진을 가로막는 전류 차단기, 엘리베이터, 도로폐쇄 검토, 신뢰성	9	
	소프트		해저드 맵, 방재 매뉴얼, 실시간 방재	9	
풍수재해	하드	홍수·침수	하천 수량 증가, 침수대책	4	13 (17%)
		토사재해	경사면 붕괴, 사태, 산사태	7	
	소프트		피난대책, 위험관리	2	
설재 (雪災)	하드		무인제설, 방설(防雪)책	3	5 (7%)
	소프트		긴급대피 경로도, 피난대책	2	
화산재해	하드		화산 감시	1	3 (4%)
	소프트		방재 맵, 위기관리	2	

쓰나미나 풍수해 발생시 적절한 피난을 위한 실천적 대처방안이 군마 대학, 구마모토 대학 등에서 진행되고 있다. 군마 대학에서는 재해정보를 피난과 연결하기 위한 재해 시나리오, 재해전달 시나리오 및 피난행동 시나리오를 작성하고 재해 발생을 재현하여 행정 위기관리나 주민의 방재교육에 활용하는 연구개발을 활발하게 진행

하고 있다. 구마모토 대학에서도 지역수해 위험관리 실천이 조직적으로 이루어지고 있다.

운젠후겐다케 화산재해나 한신·아와지 대지진재해 등 대규모 자연재해 피해지를 어떻게 복구할 것인지도 과제이다. 이전의 재해복구계획과 더불어 생활재건이나 지역 활성화, 지역사회 회복을 고려한 복구계획이 필요하다. 니가타 현 추에츠 지진 피해지역에 위치한 니가타 대학에서는 재해복구과학센터를 설립하여 복구에 노력하고 있다.

꿈이 있는 기술개발도 보이고 있다. 고베 대학에서는 광변위계가 개발되어 실시간으로 재해 등을 감시하여 좀 더 신속하게 알리기 위한 시스템으로 활용되고 있다.

(3) 방재에 도움이 되는 공학

최근에는 방재시설을 정비하고 재해정보를 충실히 하여 지난 10년간 연평균 사망자가 120명 정도로 감소하였다. 일본 내각부는 자연재해로 인한 희생자를 제로를 목표로 하였지만 해결해야 할 문제가 아직 많이 남아 있다. 사회의 고령화, 중산간 지역의 인구감소에 따른 피난이나 재해과제, 내진보강의 지연, 재해복구 시스템 설계 등이 있다. 문제해결 방법으로써 첨단 공학기술을 사회기술로 만드는 것과 공조(共助)·자조(自助)를 지원·가능하게 하는 사회 시스템을 구축할 필요가 있다. 또한 문리(文理)융합·산관학뿐만 아니라 NPO나 지역단체를 추가한 산관학민 협력이 한층 더 필요하게 되었다.

재해는 당연히 지역성을 포함한다. 지진은 주로 태평양 연안지역, 풍수해는 서일본, 화산재해는 활화산이 많은 홋카이도(北海道)와 규슈, 설해는 폭설지대에 각각 집중되어 있다. 이와 같이 재해에는 지역성이 있어서 방재·감재 대책도 다르기 때문에 지역에 존재하는 국립대학의 역할이 크다. 그 중에서도 관리능력이 있는 공학부가 리더십을 발휘하는 것이 기대되고 있다.

또한 재해는 현과 시 등의 행정구역이나 전문 범위를 벗어나 발생하기 때문에 재해연구나 방재대책 입안 시에는 지역의 산관학민(산업체, 정부, 교육연구기관, 민간단체)이나 대학 간의 협력이 필요하다. 그 사례로써, 앞에서 서술한 아이치 지구의 대학 간 협력 이외에도 야마나시(山梨) 대학의 지역·행정협동 유비쿼터스 감재정보 시스템 개발, 히가시미카와(東三河) 지역 지자체나 기업과 방재에 관계된 연구 추진 또는 규슈 지구 대학 간 협력에 의한 방재·환경 네트워크 대응이 있다. 국립대학협회 규슈 지부에서는 대학 간의 장벽을 낮추고 함께 대응하는 것이 효율적이라는 것을 인식하고 방재활동을 시작하였다.

(4) 앞으로의 안전·안심

공학부는 지금까지 안전·안심한 제품개발, 시설설계·제작이나 재해에 대한 방재·감재정책을 교육·연구해 왔다. 안전·안심을 각 전문교육 프로그램에 짜 넣었지만 안전·안심에 관한 교육·연구는 여러 분야에 걸친 과제이기 때문에 공학윤리, 경영공학 등과 같이 공학기초로 자리매김해야 할 필요가 있다.

최근 안전·안심에 관련된 대학의 대처방안을 살펴보면, 대학의 위기관리, 문리(文理)융합계획, 산관학민 협력 창구, 경쟁자금 수령 창구로써 방재나 안전·안심에 관한 센터의 설치가 급증하고 있다. 또한 안전·안심에 관한 연구 외에 교육도 중요하므로 안전·안심에 관련된 과목 설치, 코스 프로그램 설정, 이수증명제도 활용, 전공 설치, 자격 등 인센티브 부여도 요구되고 있다.

현재 파악되고 있는 안전·안심관련 센터는 국립대학 53개 공학계열 학부장회의 소속 대학 중에 11개 대학에 설치되어 있다(그림 8.5). 법인화 이후에 센터의 설치가 대학 재량으로 가능하게 된 것도 그 배경 중 하나이다. 센터의 위치를 지도에 표시해 보면, 도카이 지진, 도난카이 지진, 난카이 지진 또는 수도직하 지진이 염려되는 지역과 한신·아와지 대지진이나 니가타 현 추에츠 지진의 피해지역에 위치하는 대학에 설치되어 있다. 안전·안심에 관한 센터의 대표는 요코하마 국립대학의 안전·안심 과학연구교육센터로써 2004년에 전국에서 처음으로 설치된 후 연구개발 이외에도 대학원생과 사회인의 인재육성을 실시하고 있다. 나가사키 대학 공학부에서는 학부생을 대상으로 현대GP 지원을 받아 건전한 사회를 지원하는 인재육성에 몰두하고 있다. 또한 요코하마 국립대학의 교육센터와 연계협정을 맺어 정착을 도모하고 있다.

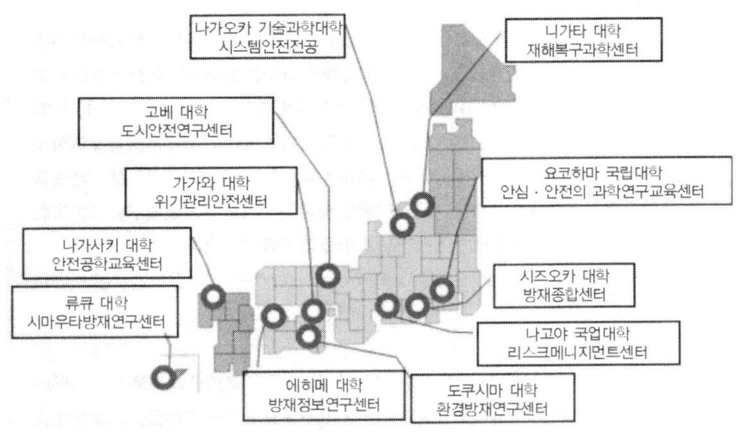

그림 8.5 안전·안심과 관련된 센터 설치상황

8.7 정리

　제8장에서는 자연재해가 많이 발생하는 일본 상황과 특히 자연재해가 많이 발생하는 규슈의 방재대책 사례를 소개하였다. 1982년 나가사키 폭우재해를 계기로 종합 토석류 대책이 시작되었고 토사재해방지법으로 이어지는 소프트 대책이 탄생하였다. 1990~1995년 운젠후겐다케 화산재해에서는 무인화 시공, 장기지속재해에 대한 이재민 지원대책이 도입되었다. 이재민 지원대책은 고베(한신·아와지) 대지진을 겪으면서 피해자생활재건지원법으로 집대성되었다. 또한 일본 재해정보학회나 일본 재해복구학회가 생겨나는 계기가 되었다. 규슈에서 시작된 도전이 전국의 모범이 되는 성과를 올리는 것을 기대해본다.

감사의 글

　원고를 마무리함에 즈음하여 필자가 참가했던 국토교통성 규슈지방정비국의 방재관계위원회, 규슈지구 국립대학 방재·환경네트워크부회, 일본학생지원기구 규슈 지부 후쿠오카 사무소 연구회, 공학 포럼 2009 실행위원회, 야마구치 현 총무부 위기관리방재과, 야마구치 현 토목부문 사방과, 일본재해정보학회, 일본자연재해학회 등 많은 분들의 자료제공과 의견을 제시해 주신 점에 대하여 감사드린다.

참고문헌

(1) 矢守克也 ： 防災における安全安心, 第28回日本自然災害学会学術講演会講演概要集, pp.177-178, 2009.9
(2) 内閣府 ： 平成21年防災白書, 佐伯印刷(株), 全246頁, 2009.7
(3) (独)日本学生支援機構九州支部 ： 大学等のための危機管理マニュアル作成のガイド(自然災害編), 全23頁, 2007.3

제9장

나가사키의 안전·안심
– 자연재해 –

9.1 들어가는 말

　나가사키는 온난한 기후와 풍부한 자연환경의 혜택을 받고 있지만 호우, 태풍, 지진, 화산분화 등 자연재해가 많은 곳이다. 경사지, 섬, 반도지역이 많으며 좁은 지역에 주택이나 도시시설이 모여 있기 때문에 재해에 취약하다. 1792년 마유야마(眉山) 붕괴와 거대 쓰나미, 1957년 이사하야(諫早) 대수해, 1982년 나가사키 호우재해, 1990~1995년 운젠후겐다케 화산재해 등 대규모 피해를 겪으면서 그때마다 도시를 복구해왔다. 제9장에서는 나가사키의 특징적인 자연재해와 그에 대한 대책, 복구에 대해 소개한다. 이는 나가사키 대학 광고지인 「CHOHO」에 게재한 '시리즈 : 자연재해를 생각하는 나가사키의 안전과 안심'을 바탕으로 편집한 내용이다.

9.2 나가사키 현의 지리적 특성

나가사키 현은 일본의 서쪽 끝에 위치한 규슈의 서북부에 위치하며 지세는 평지가 적고 도처에 산악지형과 구릉이 있다. 또한, 연안에는 곳곳에 반도나 곶이 돌출해 있으며 해안선의 굴곡이 심하고 변화가 많은 것이 나가사키 현의 지형적 특징이다. 해안선의 길이는 약 4,165㎞로 전국에서 제일 길다. 또한, 고토(五島), 이키(壱岐), 쓰시마(対馬)와 같은 섬들이 넓게 분포되어 있으며 섬들의 면적은 현 면적의 40%를 차지하고 있다. 이와 같이 나가사키 현은 지리적으로 불리한 조건을 가지고 있다. 또한, 산에서 바다까지의 거리가 짧기 때문에 큰 하천이 없다. 더욱이 하천의 경사가 급하여 유출이 빠르며 용량이 큰 댐을 건설할 수 있을만한 하천도 없다. 이와 같은 이유로 물의 유출뿐 아니라 가뭄에 시달리는 지역도 있다. 이러한 사항들을 반영하여 엄격하게 토지를 이용하고 있으며 나가사키시나 사세보 시와 같이 경사면에 시가지가 형성되어 있다. 또한 나가사키 현은 토사재해 위험장소가 많은 것으로 유명하다. 토석류 위험계류 2,443개소(전국 9위), 급경사 위험장소 4,844개소(전국 2위), 산사태 위험장소 1,169개소(전국 2위)가 있다. 현의 북부는 '호쿠쇼우(北松)형 산사태'라고 불리는 산사태 다발지대이다. 또한 나가사키 반도나 시마바라(島原)와 같은 반도지역은 도로의 교통 네트워크가 충분히 형성되어 있지 않아 고립되기 쉬운 지형이다. 이와 같이 나가사키 현은 재해에 매우 취약한 지역이라고 말할 수 있다.

9.3 화산재해[2]

화산지역은 활동하지 않는 휴지기에는 관광지나 농지로써 사람들의 생활을 풍부하게 해주지만 화산이 분화하면 많은 재해를 일으킨다. 즉, 화산재, 화쇄류, 이류, 토석류, 산의 붕괴, 쓰나미, 지각변동, 화산가스 등에 의한 재해가 발생한다. 나가사키 현에서 유일한 활화산인 시마바라 반도의 운젠후겐다케는 역사상 3회 분화하였다.

(1) 후겐사마와 시마바라

시마바라(島原) 반도는 아리아케(有明) 해와 다치바나(橘湾) 만에 둘러싸여 있으며 운젠후겐다케가 그 중앙부에 높이 치솟아 있다. 운젠후겐다케는 주변에 운젠(雲仙), 고하마(小浜), 시마바라 등 유명한 온천이 있으며 일본에서 최초로 국립공원으로 지정되었다. 사계절 내내 최고의 자연으로부터 얻은 혜택을 지역이나 많은 관광객에게 주고 있다. 이 고장에서는 '후겐사마(普賢さま: 보현보살)'라는 이름이 친숙한데 이는 산악신앙의 산으로서 신사에서 모시고 있다. 운젠후겐다케의 산기슭에 위치한 시마바라 시는 산기슭의 풍부한 농지나 물, 그리고 숲의 혜택을 누림과 동시에 시마바라 성, 무사저택 등 역사적 유적들이 남아 있는 관광보존도시이기도 하다.

한편 시마바라 시는 2회에 걸친 운젠후겐다케의 화산재해에도 불구하고 복구에 성공한 도시이기도 하다. 그 화산재해는 유사 이래 3회 발생하였다. 그 중에서 1792년에 발생한 분화와 이번에 소개하는 1990~1995년에 일어난 분화는 일본 화산재해사에 남는 대재해로 기록되고 있다. 1792년 분화 후에는 진도 6.4 정도의 지진으로 인하여 시마바라 시의 뒤편에 위치한 마유야마가 붕괴되었다. 붕괴로 떨어진 토사가 아리아케 해로 유입되어 큰 쓰나미가 발생하였으며 시마바라와 그 반대편 구마모토 현에서 사상자가 약 15,000명 발생하는 대재해가 되었다. 이 일은 '시마바라 대재해·히고 폐해(島原大変·肥後迷惑)'라고 전해지고 있다. 이때 시내에 시라치(白土) 호수와 츠쿠모(九十九) 섬이 생겼으며 쓰나미로 사망한 피해자들을 위한 위령비가 생겼다.

(2) 198년 만에 발생한 분화와 상상할 수 없는 화쇄류 발생

'산불 아닐까?' 1990년 11월 17일, 운젠후겐다케에서 발생한 분화는 이 말로 시작되었다. 분화를 확인한 후 방재기관에서는 다시 덮쳐온 시마바라 대재해에 대한 피난대책에 착수하였다. 일부 주민 중에는 '새로운 관광자원이 생겼다'고 기대하는 사람도 있었지만, 그 이후 1991년 2월에 다시 일어난 분화로 인해 운젠후겐타케 산중턱에 화산재가 대량으로 퇴적되면서 장마철에 토석류가 발생할 것을 걱정하게 되었다. 1991년 5월 15일부터 미즈나시 강(水無川)에서 토석류가 발생하였고 이날부터 주민들이 피난하기 시작하였다. 5월 24일에는 당초 생각지도 못했던 고온의 암괴, 화산재, 가벼운 돌 등이 고온의 가스와 혼합하여 덩어리가 되어 산의 사면을 흘러 내려오는 화쇄류가 발생하였다(사진 9.1). 마침내 6월 3일에는 대규모 화쇄류로 인해 43명의 사망자 및 행방불명자가 발생하였고 가옥 147채가 소실되었다. 그 이후에도 토석류와 화쇄류가 빈번하게 발생하였다. 운젠후겐다케의 화산분화는 짧게 끝날 것이라는 당시 예상과는 다르게 장기간 이어졌으며 1995년 5월까지 약 4년 반 동안 지속되었다. 이 기간 동안 선조로부터 내려온 농지와 주택, 지역주민들의 터전이었던 초등학교 건물, 도로, 철도 등이 엄청난 피해를 입었다(사진 9.2). 당시 눈앞에 펼쳐진 황량한 풍경은 우리들에게 자연의 위협을 가르쳐주었다.

사진 9.1 주택을 덮치고 있는 화쇄류 1992년 9월 27일
(시마바라 시청 杉本伸一 촬영)

사진 9.2 건물의 1층이 매몰된 토석류 피해지 1993년 7월(高橋和雄 촬영)

(3) 장기간 지속되는 재해와 시민생활에의 영향

화쇄류는 온도가 수백 도에 달하며 흘러내리는 속도가 시속 100 km를 넘어 시내에 도달하기까지 3~4분밖에 걸리지 않는다. 따라서

화쇄류가 발생한 후에 피난을 한다는 것은 사실상 불가능하다. 또한 화쇄류가 발생할 것인지 미리 아는 것도 분화가 일어날 당시에는 알기 어렵기 때문에 화쇄류로부터 사람들을 지키기 위해서 재해대책기본법 제63조를 근거로 한 경계구역이 시내에 처음으로 설정되었다. 경계구역에는 강제력이 있어서 설정권자가 허가하지 않으면 들어갈 수 없었다. 경계구역의 설정으로 인명은 보호할 수 있었으나, 최대 1만 명이 넘는 시민들이 어쩔 수 없이 피난생활을 해야 했다. 피난생활이 장기화되면서 농업이나 상공업 등 생업에 종사할 수 없게 되었고 통근이나 통학에 지장을 주었으며, 주택이나 농경지 등 개인재산이나 교통시설과 라이프 라인(전기, 가스, 수도시설) 등의 유지·관리, 토석류 대책 등 방재대책에 착수하지 못하는 상황이 지속되었다. 재해의 영향은 피해지뿐만 아니라 관광객의 감소와 쇼핑 관광객이 시마바라를 떠나버려 상공업 등의 간접피해가 증가하여 시마바라 반도 전역에 영향을 미쳤다. 또한 인구의 유출에도 영향을 미쳤으며 재해의 피해액은 2,299억 엔, 그 중에서 간접피해액이 약 70%에 해당하는 1,552억 엔에 달하였다.

또한, 이재민들은 주민센터, 긴급가설주택 등에서 불편한 피난생활을 하게 되었고 아이들도 피난생활을 하고 날리는 화산재를 맞으며 통학하거나 가설학교에서 수업을 받는 등 괴로운 날들이 계속되었다.

일본의 재해대책은 지진과 풍수재해 등 일과성 재해에 대해서는 대부분 정비되어 있지만, 화산재해와 같이 장기간 지속되는 재해에 대해서는 예상할 수 없는 것이 현실로써, 이재민 대책, 방재대책, 복구대책 등 재해의 장기화에 입각한 대책이 필요하다는 의견이 증가하였다.

(4) 피해자에 대한 최선의 지원대책

장기간 지속되는 피난생활과 농수산업, 상공업 등의 피해로 인해 수입원이 언제 마련될지 모르게 되자 피해자 대책이 큰 문제로 부각되었다. 재해대책기본법, 재해구조법, 활동화산대책특별조치법 등 현행법만으로는 대응을 못하게 되어 현행법의 탄력적 운용과 특별조치를 적용한 국가적 차원의 21개 분야 100개 항목에 달하는 피해자 지원이 이루어졌다. 그 중에는 장기 이재민에 대한 식사공급 사업, 경계구역 안에서 생활하는 주민의 생활안정을 위한 재건자금 대출 등 신규대책도 포함되었다. 국가적 시책뿐만 아니라 나가사키 현이 설립한 (재)운젠후겐다케 재해대책기금주1), 그리고 구호금을 자금원으로 하는 시마바라 시 후카에(深江) 마을의 의연금 기금으로 세심한 이재민 생활재건지원도 이루어졌다. 전국에서 처음으로 설치된 이 기금으로 지원이 매우 효과적으로 이루어지자 그 후에 1993년 북해도남서쪽 앞바다에서 발생한 지진과 1995년 한신·아와지 대지진 때에도 설치되었다. 행정적으로 피해자 대책이 수립되기 전까지는 전국에서 모금된 233억 엔의 의연금과 구원물자, 봉사활동이 이재민의 피난생활을 도왔다.

(5) 위험구역에서 방재공사를 가능하게 한 무인화시공

미즈나시 강의 사방댐 건설 등 사방계획은 분화가 단기간에 종식될 것이라는 전제하에 만들어진 것이어서 항구적 대책이 수립되지 못하였다. 경계구역 내에는 방재공사가 실시되지 않아서 토석류 피해가 확대되었고 주택피해의 증가나 도로·철도 피해에 따른 교통두절이 발생하였다. 경계구역 내에 위험한 장소에 사람이 들어가지 않고 원격조작으로 방재공사가 가능한 무인화 시공이 처음으로 도입되었다(사진 9.3). 무인화 시공은 1997년 가고시마 현 이즈미(出水)

시의 토석류재해나 2000년 우스⁽有珠⁾ 산 분화에서도 활용되었으며 우주개발에 활용하기 위해 미국항공우주국⁽NASA⁾ 직원이 무인화 시공을 견학하러 오기도 하였다.

사진 9.3 무인화 시공을 이용한 경계구역 내 재해 잔여물 처리작업 상황과 조작실 1994년 4월 11일(전 운젠후겐다케 복구사무소장 松井宗廣 제공)

(6) 복구전략과 분화종식 후의 화산 관광화

화산재해와 같이 사회기반이 극심한 피해를 당했을 때에는 원래의 상태로 돌아가기 위한 복구가 아니라 지역 전체를 대상으로 다시 부흥시킬 수 있는 방안이 필요하다. 시마바라 시와 후카에 마을은 '생활재건', '방재도시 만들기', '지역 활성화' 등 3가지를 기본으로 한 복구계획을 수립하였다. 이 계획에 의해 국가와 현의 기간사업을 주민생활 재건, 지역 활성화와 상호 조정함으로써 공백 영역을 보완할 수 있게 되었다. 토석류로 매몰된 지역에서 제안한 복구계획은 나가사키 현의 가마다스 계획(가마다스란 시마바라의 방언으로 힘내자는 의미)이나 건설성⁽당시⁾ 등 국가의 복구계획 또는 사업계획이 반영되어, 면적의 정비와 역할분담이 명확하게 되었다.

복구계획은 현지의 주체성 확립과 조기에 계획을 실현함으로써 인구유출을 방지하는 등의 효과가 있었다. 또한, 복구계획 수립에는 아이디어가 필요하다는 것을 배우게 되었다. 운젠의 복구계획에서,

토석류로 매몰된 안나카(安中) 삼각지대를 더 높이 쌓아올림으로써 주택·농지를 재건, 와렌 천 복원과 나무를 심어 녹지를 회복하는 등 사방 지정지의 이용, 화쇄류로 피해를 입은 전 오오노코바(大野木場) 초등학교 보존, 토석류 피해주택 보존 등 재해를 입은 건축물의 보존·활용 등을 주축으로 한 화산 관광화가 실현되었다. 현재는 화산재해를 이용한 화산 학습체험장과 관광자원으로서 운젠후겐다케 재해기념관, 오오노코바 토사방지 미래관, 헤이세이신산 네이처 센터, '미치노에키(道の駅)' 미즈나시 본진 후카에(국도 251호선 변에 운젠후겐다케 분화로 특히 큰 피해를 입은 장소) 등이 정비되었다. 토석류나 화쇄류로 심각한 피해를 입었으면서도 훌륭하게 부흥에 성공한 인간의 위대함을 배울 수 있으므로 시마바라 여행이나 드라이브시에는 꼭 들르기를 추천한다.

또한, 이 재해를 계기로 지역의 의향을 정리하거나 자립복구계획의 제안, 복구를 위한 노력 등을 통해 많은 리더와 봉사자를 육성하였다. NPO법인 시마바라보살회는 분화종식 후에 마을만들기의 핵심이 되었으며 이후에 한신·아와지 대지진 재해, 우스 산 분화를 비롯하여 국내외 재해의 초기지원, 이재민 지원을 위한 네트워크의 핵심적 활약을 하고 있다.

(7) 재해지원과 나가사키 대학의 역할

나가사키 대학에 화산연구자는 없었지만 대학 전체적으로는 화산재해 조사는 지속적으로 몰두해 왔다. 또한 정신위생대책, 수산업에 미치는 영향조사, 복구대책 등에 대해 행정기관, 지역단체와 협력해 가면서 지속적으로 대처하여 지역 대학으로써의 소임을 다하였다. 또한, 학생들도 봉사활동을 통해서 재해지원을 하였다. 앞으로도 대학 간의 협력이나 지자체와의 협력이 중요할 것이라고 판단된다.

(8) 운젠후겐타케 재해로부터 얻은 교훈을 후세에게 그리고 세계로

운젠후겐타케 화산재해의 자료나 교훈은 현재 후지 산 등 전국의 화산재해 피해상황을 예상할 때 자료로 활용되고 있다. 또한, 내각부 중앙방재회의 재해교훈 계승에 관한 전문조사회에서 국가재해교훈기록에 남길 재해로 선정되어 '1990~1995 운젠후겐타케 분화보고서(조사 주임 高橋和雄)'2)가 2007년 3월에 간행되었다.

2007년 11월 19일부터 23일에 걸쳐 시마바라 시에서 아시아 최초로 '제5회 화산도시국제회의'가 개최되어 국내외에서 3,000명이 참가하였다. 시마바라 시가 국제회의 개최지로 선정된 이유는 화산재해를 극복하고 복구에 성공했다는 점이 세계의 화산관계자들에게 인정받았기 때문이다. 이 국제회의에서는 연구자나 행정·방재관계자뿐만 아니라 이재민들과 복구에 힘쓴 시민들도 참여하여 화산분화에서 얻은 교훈과 복구의 과정을 세계에 알릴 수 있었다. 시민참여형 회의, 지역과 각종 단체가 주최하는 포럼, 시민을 위로하는 프로그램이 준비되었다. 화산재해는 발생하는 빈도가 낮기 때문에 재해교훈을 계승하기 위해서는 국내외에 화산을 가지고 있는 도시들의 협력 네트워크가 중요한데 이 회의는 이러한 협력의 중요성을 보여주는 계기가 되었다.

9.4 호우재해

(1) 나가사키 현의 기후

나가사키 현은 온난·다우한 기후를 가지고 있다. 이는 연안 대부분이 쓰시마 난류의 영향을 받고 있기 때문이며 현에 속한 지역들은 대부분 같은 위도에 있는 다른 현의 도시보다도 기후가 온난하다.

이러한 기후는 특히 겨울에 뚜렷하게 나타난다. 연강수량은 나가사키 현 대부분의 지역이 2,000㎜를 넘으며, 이 강수량은 1,727㎜(후쿠오카 시), 1,963㎜(사가 시), 1,717㎜(오이타 시) 등 규슈 북부의 다른 도시와 비교했을 때 매우 많은 양이다.

나가사키 현에서는 집중호우나 폭풍우로 인한 풍수해가 빈번히 발생하고 있다. 집중호우의 원인은 장마전선, 태풍, 저기압 등이다.

일일 강우량이 100㎜ 이상인 경우는 대부분 장마·태풍시에 기록되고 있다. 규슈 북부지방에서 평년에 장마가 시작하는 것은 6월 8일, 장마가 끝나는 것은 7월 18일(1961~1990년)인데 나가사키 현에서는 이 기간 동안 연강우량의 30%에 해당하는 약 600㎜의 비가 내린다. 집중호우는 대부분 장마가 끝나가는 시기에 발생한다. 그 전형적인 사례가 1957년 7월 이사하야(諫早) 대수해, 1967년 7월의 호우, 1982년 7월의 나가사키 대수해 등이다.

표 9.1 나가사키 3대 호우재해

연월일	현상	주로 일어난 지역	피해개요
1957.7.25~26	호우	이사하야 시	사망·행방불명자 782명 주택전괴 799가구
1967.7.5~9	호우	사세보 시	사망·행방불명자 50명 주택전괴 328가구
1982.7.23	호우	나가사키 시	사망·행방불명자 299명 주택전괴 584가구

(2) 1982년 나가사키 호우재해

① 심각했던 나가사키 호우

1982년 나가사키 호우재해는 7월 23일 저녁 무렵부터 한밤중까지 내린 집중호우로 인해 발생하였다. 경사면이 많은 나가사키에 내린 호우는 단숨에 하천과 저지대를 덮쳤으며 하천범람과 토사재해가 동시에 발생해서 침수 또는 토사의 붕괴로 인해 도로가 분단되어 재해에 대한 조직적인 대응이 이루어지지 못하였다. 번화가인 하마초(浜町) 등 하천변에서는 하천이 범람하여 2m 가까이 물에 잠겼을 때 피하지 못한 사람들이 공중전화부스 또는 시내버스정류장 지붕에 올라가거나 전신주에 매달려서 위험을 피하려고 하였다. 또한 떠내려가고 있는 시내버스 지붕에서 필사적으로 피난을 한 경우도 있었으며 갑작스러운 물의 범람으로 미처 도망가지 못한 사람들은 필사적으로 대피하려 하였다. 시가지 주변에서는 대규모의 토사붕괴가 일어나 많은 사람들이 목숨을 잃었다. 이 재해로 인해 나사가키 현의 사망·행방불명자가 299명, 피해총액이 약 3,153억 엔에 달했다.

② 나가사키 호우와 피해발생 경과

(a) 기상상황

저기압과 장마전선이 초래한 '1982년 7월의 호우'는 나가사키 현 남부지방에 큰 피해를 주었다. 강우량은 저녁 7시부터 1시간 동안 일본 관측사상 최고인 187㎜를 기록하였고, 저녁 7시부터 3시간 동안은 366㎜(일본 관측사상 3위)를 기록하였다. 나가사키 호우는 심한 천둥·벼락을 동반한 장마 말기에 일어나는 전형적인 집중호우로, 단시간 동안 내린 비의 강도로 보면 최근 호우재해에서 가장 피해가 심각했던 이사하야 폭우를 넘어서는 일본 관측 역사상 최대 규모였다.

(b) 피해상황

23일 저녁 4시 50분 : 나가사키 해양기상대로부터 폭우홍수경보가 내려졌다.

23일 저녁 7시~8시 : 저녁 6시 30분경보다 강해진 비는 저녁 7시를 넘어서 심각한 폭우로 변하였다. 배수로의 물이 역류하여 노면은 물에 잠기고 교통기관의 운행이 불가능해졌다. 저녁 8시경부터는 토사붕괴와 하천범람이 나가사키 시 전역에서 발생하였다. 전화도 폭주하여 이 때 벌써 도시재해의 양상을 나타내고 있었다.

23일 저녁 8시~9시 : 하천 범람으로 인해 시가지가 물에 잠기고 건물의 지하실이 침수되는 피해가 발생하기 시작하였다. 나가사키 시 이곳저곳이 정전됨과 동시에 석조 교량이 붕괴되어(사진 9.4) 유실되고 가스관 파손으로 인한 가스유출사고도 발생하였다. 토사붕괴 등에 의한 사망자가 이 때 집중되었고 나가사키 시 소방국에 구조를 요청하는 전화가 쇄도하여 마비상태가 되었다.

23일 저녁 9시 이후 : 만조에 가까워지면서 주요 하천의 범람이 확대되어 토사붕괴로 인한 피해가 더욱 더 증가하였다. 주민들의 문의가 많아 방송국은 텔레비전·라디오를 이용하여 안부방송을 송출하였다. 저녁 11시 이후에 호우가 약해지기 시작하였고 저녁 11시 30분쯤에 집중호우가 멎었다.

사진 9.4　반파된 일본 중요문화재 메가네바시
(나가사키 현 토목부 제공)

③ 나가사키 토지이용을 반영한 재해의 특징

이 때의 나가사키 호우는 특히 교외에서 일어난 토사재해와 나가사키 시 중심부의 도시형 수해라는 양면성을 가지고 있다.

(a) 토사재해

경사지에 도시가 형성되었기 때문에 토석류와 축대가 붕괴되는 등의 토사재해가 많이 발생하였다.(시내에서 4,457개소) 사망자·행방불명자 중 88%(262명)가 토사재해로 인한 피해자였다. 대규모의 토사붕괴는 시가지 근교에서 발생하였으며(사진 9.5) 소규모의 토사붕괴는 미개발된 자연과 접해 있는 주택지의 외곽에서 발생하였다. 기존의 사방용 제방이 토석류를 막아 주어 사방시설의 유효성을 인식하게 되었다. 대규모 재해시 공공기관의 구조활동의 한계도 나타났다.

사진 9.5 스스키즈카(芒塚) 마을의 토사붕괴 현장(나가사키 현 토목부 제공)

(b) 하천재해

홍수 발생시각이 퇴근시간과 겹쳐 차를 사용하고 있던 사람들이 피해를 입은 경우가 많았으며 더욱이 나가사키 시내를 흐르는 나카시마(中島) 천, 우라카미(浦上) 천 등이 범람하면서 막대한 경제적 피해를 초래하였다. 하천의 기울기가 급하고 짧다는 점과 나가사키시가 근대에 대 수해를 경험한 적이 없어 시가지 발전에 수해대책에 대한 관점이 충분하지 못한 점이 도시형 수해의 원인이 되고 피해를 키웠다. 즉, 차량이 한꺼번에 쏟아져 나옴으로 인한 피해 라이프라인이 입은 피해, 근래에 지은 건물의 지하 동력시설 피해, 석조 교량들을 보존하는 것과 하천방재를 융합하는 등의 과제가 명백해졌다. 이와 같은 홍수피해를 입은 이사하야 시는 1957년 대 수해를 겪은 후에 하천개량과 수해에 강한 마을만들기 등의 대책마련이 피해를 줄이는 데 효과가 있음을 보여 주었다.

④ 물에 취약한 도시기능

(a) 교통기능

이러한 수해에서 복구의 장애는 나가사키의 지형적 제약에 의해 취약한 도로망이었다. 이로 인해 나가사키 시의 관광산업 등이 심각한 영향을 받았다. 나가사키 시의 대동맥인 국도 34호가 스스키즈카 부근에서 대규모로 붕괴되는 등(사진 9.6), 주요 도로가 붕괴, 토사매몰로 인해 단절되었다. 국유철도(현 JR규슈), 버스, 노면전차 등의 설비와 차량 등에도 피해가 발생하였고 모든 것을 복구하기에는 상당한 시간이 소요되었다.

사진 9.6 국도 34호선 스스키즈카 도로유실 현장
(국토교통성 나가사키 하천국도사무소 제공)

(b) 승차 중의 피해

승차 중에 피해를 당해 발생한 사망자는 홍수 12명, 토사 5명으로 추정된다. 물에 휩쓸린 차량은 물과 표류물을 막는 원인이 된 동시에 교통의 장애가 되었다. 차량 피해대수는 약 2만 대에 달하였다.

(c) 라이프 라인

극단적인 분업을 지향하는 현대의 도시생활은 수요자와 공급자를 연결하는 다양한 네트워크와 라이프 라인상에서 이루어지지만, 이 수해로 인하여 상·하수도와 전력, 가스 등의 기능이 모두 취약하다는 점이 노출되었다. 또한 이들의 복구에는 긴 기간이 필요하고 도시기능 마비의 원인이 되는 수해로 인한 간접피해가 얼마나 큰 것인지 지적되었다. 또한, 전화가 설비의 파손이나 통화폭주로 인해 불통되었다.

(d) 지하실 설비

병원, 호텔, 백화점 등의 지하실이 침수되면서 전기설비, 공조설비, 의료기기 등이 물에 잠겨 중요기능이 마비되었고, 그 복구에는 긴 기간이 필요하였다.

⑤ 마을의 복구와 시민참여

호우재해를 겪은 도시의 마을만들기의 바람직한 모습이 지역대표까지 참여한 '나가사키 시 방재도시 구상책정위원회'에서 논의되어 지사에 대한 정책제언이 정리되었다. 주민들의 관심이 높았던 국가 중요문화재 메가네바시(眼鏡橋: 안경모양으로 생긴 돌다리)의 복구에 대해서 이 위원회에서 현지 보존과 함께 양쪽에 우회수로를 설치함으로써 방재와 문화재 보존을 양립시키는 결론을 얻었다(사진 9.7). 나카시마 천에서 현지에 보존되고 있는 메가네바시의 양쪽에 만들어진 지하 우회도로는 홍수시 물이 안전하게 흐를 수 있도록 설계되었다. 우회도로 수로공사에 맞춰서 관련 공원, 도로, 교량의 상판을 바꾸는 등의 작업이 실시되어 많은 시민과 관광객이 편히 쉴 수 있는 휴식공간이 생겼다. 나가사키의 역사를 이야기하는 정서와 운치를 자아낼 수 있도록 경관과 주변 환경을 고려한 정비가 이루어졌다. 그 외에 안전한 경사면의 조성, 재해에 강한 도로망 정비, 종합적인 방재체제 정비 등이 추진되었다. 기성 시가지 사면의 마을만들기는 현재에도 진행 중이다.

사진 9.7 2006년 7월에 완성한 나카시마 천 양쪽에 설계된 우회도로와 메가네바시 주변(나가사키 현 나가사키 토목사무소 제공)

⑥ 나가사키 호우의 교훈

(a) 기상

기상 데이터 분석에 의하면, 나가사키 호우와 같은 비정상적인 집중호우는 일본 어디에서나 발생할 가능성이 있다는 사실이 인식되었다. 나가사키 호우가 발생한 후에 기상청에서는 예보구역을 세분함과 동시에 예보의 정확도를 향상시키고 강우의 비정상성을 전달하는 방법을 연구하였다.

(b) 토사재해

사방시설 등의 물리적 대책은 효과가 있으므로 추진하는 것이 당연하지만 조기 대응이 곤란하기 때문에 동시에 토사재해 경계피난 체제를 확립과 방재의식 보급의 적극적 추진 등 각종 소프트 대책을 강력하게 추진할 필요가 있다. 나가사키 호우재해를 계기로 기존의 하드 대책과 동시에 토석류 위험 계류의 인지, 경계피난체제 정비, 주택 이전의 촉진을 근간으로 하는 종합적 토석류 대책이 전개되기 시작하였다. 최종적으로는 1999년 6월 히로시마 호우재해 후에 제정된 토사재해방지법과 2007년부터 전국적으로 운영된 토사재해경계정보로 정리되었다.

(c) 하천재해

수위상승이 급격한 하천에 대해서는 알기 쉬운 정보를 실시간으로 주민 한 사람 한 사람에게 알리는 것이 중요하다. 피난 홍보차량 일부는 침수 등으로 인해 우행이 불가능하였다. 수해 후 방재행정무선이 도입되었고 시민들로부터도 그 필요성이 인식되어 정착되었다.

(d) 주민

대규모 재해시에는 동시다발적인 피해에 의해 경찰이나 소방서가 모든 피해에 대응하기 어려우므로 자조(自助)와 협력이 중요하다. 자주적인 방재조직을 결성하는 것은 반드시 진행되어야 한다.

(e) 차량과 건물 지하층

차량이 물에 취약하다는 것을 인식하여 침수가 시작되면 자동차로 외출하는 것을 삼가고 최대한 빨리 높고 안전한 장소로 자동차를 옮겨 놓는 것이 필요하다. 더욱이 지하실 침수에 대처하기 위해서는 건물의 계획단계부터 지하실 침수를 고려해야 하며, 기존 시설들에 대해서는 방수판이나 방수문의 설치가 이루어졌다. 건물 지하실과 같은 건물 부속시설의 피해는 컸지만 전국적으로 주목받지는 못하였다. 그 후 1999년 6월 후쿠오카 수해 당시에 지하층에서 희생자가 발생하여 지하홍수 대책이 검토되었다.(사진 9.8)

사진 9.8 2003년 7월 19일 장마전선 호우에 의한 하카타 역 치쿠시 입구
지하층 침수(국토교통성 규슈지방정비국 제공)

⑦ 나가사키 대학 학술조사단의 활동

나가사키를 덮친 대재해의 피해지에 위치한 나가사키 대학은 나가사키 대 수해 학술조사단을 결성하였다. 여름방학을 반납한 학생과 교직원들이 하나가 되어 열심히 조사활동을 실시하였고 이례적인 속도로 3개월 만에 '1982년 7월 호우로 인한 재해에 관한 조사보고서'를 간행하였다. 이 보고서는 높은 평가를 받아 1983년판 방재백서에도 인용되어 피해지의 복구·부흥뿐 아니라 국가적 재해대책에도 활용되었다. 이 조사활동을 통해 나가사키 대학에서는 방재연구자들을 육성하여 학회나 국가 심의위원회 핵심 멤버로서 계속 활동하였다. 1995년 1월 한신·아와지 대지진 재해조사에서도 나가사키 대학의 노하우가 활용되었다. 또한 나가사키 호우재해는 내각부 중앙방재회의 '재해교훈의 계승에 관한 전문조사회'에서 국가의 재해교훈에 남을 재해로서, '1982 나가사키 호우 재해보고서'3)(조사 주임

高橋和雄)로 정리되었다.

⑧ 호우의 대비

재해의 특성은 사회의 발전, 기술혁신의 진보, 토지 이용, 시민들의 생활양식 등에 따라 매우 다르다. 1982년 당시와 비교하면 지하 공간의 이용, 휴대폰, 인터넷 등 IT의 진보와 고령화·인구 과소화, 개인이나 사회의 경제력 저하 등이 나타나고 있다. 고령자 피해가 특히 많았던 2004년 니가타·후쿠시마 호우, 후쿠이 호우 등 태풍 제23호에 의한 재해에서도 현재의 사회정세가 반영된 재해형태가 나타났다. 기상경보 등 재해정보는 당시와 비교해보면 월등히 진보하여 정보전달이 정비되었지만 감재로 이어지는 대처방안은 지금부터 마련하여야 한다. 나가사키 호우를 교훈으로 삼아 현재 살고 있는 지역에서 호우재해가 발생한 경우의 수해에 대비할 필요가 있다.

9.5 지진

2005년 후쿠오카 현 서쪽 바다에서 지진이 발생하였을 때 나가사키 현 내에서도 이키 시를 중심으로 주택, 항만·어항 등에 피해가 발생하였고 쓰나미 피해의 위험도 있었다. 최근 지진발생 상황으로 보아 진도 7 정도의 지진은 일본 어디에서나 발생할 수 있다는 인식이 일반적이다. 과학기술의 진보로 인해 일어날 가능성이 있는 지진의 규모와 지진의 진동 또는 지진으로 인한 건물피해 및 사상자의 수 예측이 가능하다. 피해를 예측할 수 있게 되면 피해를 줄이기 위한 대책을 마련할 수 있다. 이 절에서는 나가사키 현에서 이루어지고 있는 지진피해 예측과 피해감소를 위한 대책을 소개하고자 한다.

(1) 나가사키 현 지진재해 환경

나가사키 현 내에는 운젠 활단층군 등이 있어 대규모의 지진이 발생할 위험성이 있다. 또한 나가사키 현에는 평지가 적고 인구 집중지구에는 사면에 주택이 밀집해 있다. 후쿠오카 현 서쪽 바다에서 발생한 지진으로 겐카이(玄界) 섬의 경사지에서 일어난 것과 같은 피해의 발생이 염려되고 있다. 낙도·반도지역이 많고 도로, 철도, 라이프 라인 등 네트워크가 형성되어 있지 않아서 인명구조, 소화활동, 급수활동 등 재해응급대책이 행해지기 어려운 지형적 원인에 의한 약점을 가지고 있다. 더욱이 경사지, 낙도, 중산간지구에서는 인구감소, 고령화, 과소화(공동화)가 진행되어 지역사회의 재해대처능력이 약해지고 있다.

(2) 나가사키 현의 지진발생 현황

나가사키 현은 시마바라 반도를 빼면 유감지진(몸으로 감지되는 정도의 지진) 발생이 적은 지역이다. 유감지진은 시마바라 반도 서쪽 해안부터 다치바나 만에 걸쳐 빈번하게 발생하기 때문에 유감지진의 횟수는 많다. 운젠후겐다케에서 발생하는 유감지진은 연평균 32.8회(1924~1997)로 나가사키 현 내 다른 지구의 6.8회(나가사키 시), 0.4회(사세보 시), 0.5회(히라도 시), 0.3회(후쿠에 시)와 비교했을 때 매우 많다. 이는 규슈 전체에서 보더라도 10.4회(구마모토)에 비해 현저히 많은 것이다.

피해지진은 시마바라 반도와 다치바나 만에서 많이 일어나며, 60년에 1회 정도의 확률로 진도 6의 지진이 발생하고 있다(표 9.2). 1792년에 발생한 지진(진도 6.4)으로 마유야마 붕괴와 함께 일어난 쓰나미 재해는 일본에서 최다 사망자인 15,000명을 기록하여 '시마바라 타이헨 히고메이와쿠'라고 전해지고 있다. 20세기 이후 1922년의 시마바라 지진(진도 6.9, 6.4)은 나가사키 현에서 사망자가 발생한 유일한 지진으로 사망자 26명, 피해주택 2,000동을 초과하였다. 이는 규슈에서 지진진동에 의한 사망자로서는 최대이다. 시마바라 반도 이외에는 나가사키 현 내에서 사상자 기록은 발견되지 않지만, 1922년 시마바라 지진 당시 나가사키 시에서 진도 5를 기록하였다. 이키 시와 쓰시마에서는 1700년에 나가사키 현 내에서 최대 규모의 지진(진도 7.0)이 발생하였다. 또한 쓰나미는 1792년 마유야마 붕괴로 인한 쓰나미를 제외하면 1960년에 발생한 칠레 지진 쓰나미와 1993년의 북해도 남서 바다에서 발생한 지진의 쓰나미가 있지만 피해는 보고되어 있지 않다.

표 9.2 나가사키 부근에서 일어난 주요 지진

발생한 연월일	진 원	규 모	피해상황
1657년 1월 3일	나가사키		집의 여기저기가 벌어지고 기둥과 벽이 무너짐
1700년 4월 15일	이키·쓰시마	M7.0	마을에 위치한 돌담으로 만들어진 묘소가 모두 붕괴됨
1725년 11월 8~9일	히젠(肥前)·나가사키	M6.0	많은 장소가 파손됨
1730년 3월 12일	쓰시마		여러 곳의 석조 바닥이 파손됨
1792년 5월 21일	운젠후겐다케	M6.4	시마바라 타이헨 히마메이와쿠
1828년 5월 26일	나가사키	M6.0	데지마(出島)의 돌담이 붕괴됨
1922년 12월 8일	치지와(千々石)만	M6.9 / M6.5	사망 26명, 부상 39명(진도 6)
1984년 8월 6일	시마바라 반도 서부	M5.7	코하마(小浜) 마을에서 부분 손괴 건물 53동(진도 5)

(3) 나가사키 현의 활단층

2002~2004년도에 실시된 운젠 활단층 조사에 의하면 많은 활단층이 서쪽 다치바나 만부터 시마바라 반도를 통해 동쪽 시마바라 만까지 연속적으로 분포하며 전체적으로 운젠 단층지구(地溝)를 형성하고 있다. 운젠 활단층군은 그 특징에 의해 운젠 단층지구 북단층대, 운젠 단층지구 남동부단층대, 운젠 단층지구 남서부단층대의 3가지로 구분된다. 해저에서도 다치바나 만 서부 단층대와 시마바라 연해 단층군이 확인되고 있다. 자세하게 조사되지는 않았지만 오무라(大村)부터 이사하야 북서쪽 부근, 니시소노기(西彼杵) 북서쪽 부근, 사세보 시 북부, 이키 시 남부 등에서도 활단층이 확인되고 있다.

(4) 나가사키 현에 피해를 끼치는 활단층에 대한 예상과 진도예측

활단층 조사 성과를 기본으로 나가사키 현에 피해를 끼치는 지진의 진원은 활단층으로 예상된다. 그 진원지 특성에 대한 평가·검토 결과, 나가사키 현 내의 활단층은 그림 9.1에서 표시하고 있는 6개 활단층으로 예상된다.

예상 활단층을 진원으로 하는 진도예측의 한 가지 사례를 그림 9.2에 나타내었다. 일반적으로 진도 5약에서는 건물에 영향이 나타나기 시작하고, 진도 6약을 초과하면 일반건물은 붕괴되기도 한다. 운젠 단층지구 북단층대(진도 7.3), 운젠 단층지구 북단층대와 운젠 단층지구 남동부단층대의 연동(진도 7.7), 또는 오무라―이시하야 북서부단층대(진도 7.1)에 의한 지진에서는 진도 6강이 나타나는 지구가 존재한다. 운젠 활단층대 또는 오무라―이시하야 북서부단층대에 의한 지진에 의해서는 시마바라 반도나 오무라 시, 이시하야 시에서 떨어진 고토 시, 이키 시, 쓰시마 시, 히라토(平戸) 시 등에서 진도 5

약 이상의 지진은 발생하지 않는다. 그러나 이들 지역에서도 직하 지진이 발생했을 경우에는 진도 6강의 지진이 발생할 것으로 예상 된다.

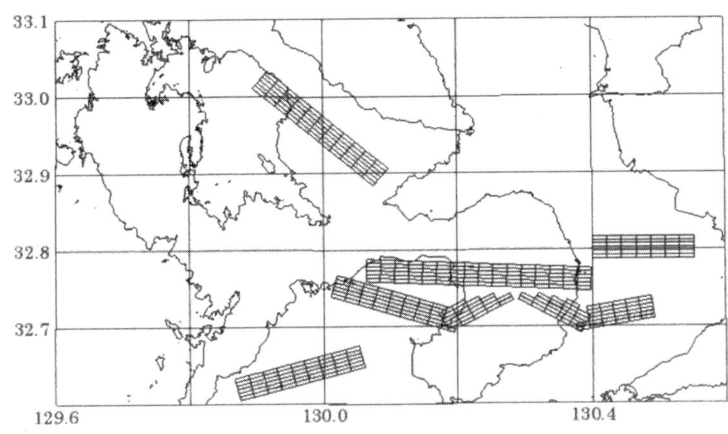

그림 9.1   진원이 되는 활단층의 위치

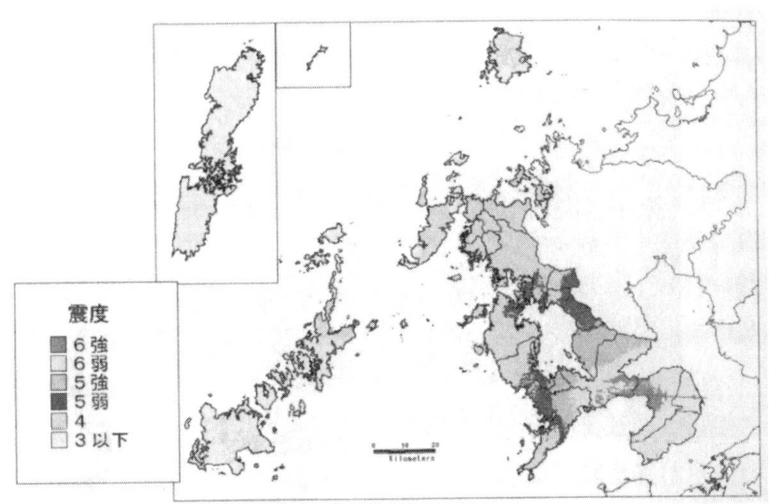

그림 9.2   추계진도분포(진원: 운젠 단층지구 북단층대)

(5) 지진피해의 예측

지진 진동크기를 바탕으로 지진이 일어났을 당시의 지반 액상화 현상(수분을 머금은 지반이 지진으로 인해 액상으로 변하는 현상), 경사면 붕괴, 건물 붕괴, 화재발생, 지진성 해일 등에 의한 물적·인적 피해를 예측할 수 있다.

(a) 건물피해

건물피해 예측 중에 진동, 액상화 현상(주2, 표 9.9) 또는 경사면 붕괴 등으로 인하여 건물이 대파된 동수를 표 9.3에 정리하였다. 표에 의하면 다치바나 만 서부단층대를 제외하고는 진동으로 인한 피해가 대다수를 차지하고 있다.

표 9.3　건물파괴 총계

(전체 동수 654,296동)

추정된 지진의 진원활동단층	진 동	액상화	사면붕괴	계(%)
운젠 단층지구 북단층대(M7.3)	18,705	239	361	19,305 (3.0)
운젠 단층지구 남동부단층대와 서부단층대의 연동(M7.7)	33,389	290	583	34,262 (5.2)
시마바라 연안단층군(M6.8)	1,476	32	10	1,518 (0.2)
다치바나 만 서부단층대(M6.9)	298	76	178	552 (0.1)
오무라－이사하야 북서 부근 단층대(M7.1)	5,421	247	254	5,922 (0.9)

(b) 인적 피해

예상되는 지진으로 인한 사상자를 지진으로 인한 진동, 경사면 붕괴와 화재로 구분하여 표 9.4에 정리하였다. 진동으로 인한 사망 자 수는 대파된 목조건물 동수가 많은 장소, 즉 운젠 단층지구 북단

층대에서 일어난 지진으로 인한 시마바라 시가지나 오무라—이시하
야 북서부근 단층대에서 일어난 지진으로 인한 오무라 시가지 지역
에서 많았고 나가사키 시나 이시하야 시에서도 인구밀도가 높은 지
구에서 많다는 결과가 나왔다.

표 9.4 지진으로 인한 사망자 추계

(현 총인구 : 1,498,963명)

| 추정된 지진의 진원활단층 | 사망자(명) | | | | | 건물 (내진화 대책 후) | 내진화 대책으로 인한 감소율 (%) |
| | 건물 (현황) | 사면 | 화재 | | 계 | | |
			여름 5시	겨울 오후 6시	(여름 5시)		
운젠 단층지구 북단층대	773	178	137	207	1,088	263	66
운젠 단층지구 남동부단층대와 서부단층대의 연동	1,689	312	149	234	2,150	757	55
시마바라 연안 단층대	25	3	8	15	36	2	92
다치바나 만 서부단층대	14	110	3	42	127	1	93
오무라—이사하야 북서 부근 단층대	238	153	33	52	424	75	68

　최근에는 지진으로 인한 피해가 예측되면 지진방재전략을 수립
하고 실효성 있는 대책을 검토한다. 지진방재전략은 감재 목표와
구체적 목표로 구성되는데, 감재 목표란 사망자, 경제적 피해의 경
감에 관한 목표를 말한다. 구체적 목표란 감재 목표의 달성에 필요
한 사항별로 달성해야 할 목표수치, 달성시간, 대상내용 등을 정하

는 것이다. 나가사키 현에 대해서도 앞으로 10년간 사망자 수를 반
으로 줄이고자 하는 감재 목표를 세우고 이것을 실현하기 위해서
필요한 구체적 목표를 정하여 액션플랜을 수립하였다.

감재 목표사항은 사면 및 방파제 등의 방재공사, 정보전달 등 국
가·현 등의 광역지자체와 시와 마을 등 기초지자체가 주체가 되는
'공조(公助)'와 더불어 인명구조, 초기 화재진압 등 지역·커뮤니티가
주체가 되는 '공조(共助)' 그리고 내진보강, 가구고정, 콘크리트 담 보
강 등 개인이 주체가 되는 '자조(自助)'로 구성된다. 감재에는 '공조(公
助)'와 '공조(共助)'의 역할이 크다는 것이 명확해졌다.

사진 9.9 후쿠오카 현 서쪽 바다에서 발생한 지진으로 인한 지반액상화
(규슈 대학 善功企 교수 제공)

(6) 인적 피해경감의 키포인트는 건물 내진화

1995년 1월 17일에 발생한 한신·아와지 대지진(진도 7.3)에서는
6,400명이 사망하는 대참사가 발생하였다. 사망원인은 건물붕괴로
인한 압사와 주택밀집지역 등에서 건물붕괴와 더불어 발생한 화재
로 인한 사망이었다. 1981년에 개정된 건축기준법에 의해 설계된

건물은 붕괴위험이 적었으나 그 이전에 건설되어 내진(耐震: 지진에 견딤)진단이 필요했던 건물에서 많이 발생하였다. 나가사키 현 내에서도 내진성이 부족한 건물이 31%를 차지하는 것으로 추정되고 있다. 피해예측 계산에 의하면 낡은 건물을 내진성이 높은 새로운 건물로 변환시키는 내진화 작업으로 인적 피해는 대폭 감소한다. 표 9.4는 인적 피해를 경감시키는 내진화 작업의 효과를 구체적으로 표시한 자료이다. 노후주택의 내진화 작업은 긴급한 과제이다. 나가사키 현에서도 나가사키 현 내진개선촉진계획을 2007년 8월에 수립하였는데 일반주택의 내진화 비율을 현재의 69%에서 90%까지 끌어올리는 것을 목표로 하고 있다. 내진수리를 지원하기 위한 보조·세금 감면제도도 도입되었다. 건물의 내진화는 도시에 사는 시민의 임무라 할 수 있다.

공공시설에 대해서도 내진성이 낮은 건물의 내진수리가 진행되고 있다. 나가사키 대학에서도 내진성 확보와 기능개선을 목적으로 학교건물의 개량공사가 서둘러 진행되고 있다.

(7) 이웃간의 협력이 생명을 구한다

한신·아와지 대지진에서 주택의 붕괴, 화재 등으로 구출이 필요했던 35,000명 중 약 80%가 가족이나 이웃들에 의해 구출되었다. 특히 진원지에서 가까운 아와지 섬의 호쿠단(北淡) 마을에서는 주택붕괴로 인해 많은 사람들이 매몰되었으나 지역주민의 자발적 구조활동으로 전원 구출되었고 안부 확인도 당일 저녁까지 계속되었다. 알고 지내던 이웃과의 교제가 구출이 필요한 행방불명자의 안부 확인에 매우 도움이 되었다. 이러한 교제는 한신·아와지 대지진뿐 아니라 후쿠오카 현 서쪽 바다에서 발생한 지진 피해지인 겐카이 섬(사진 9.10)이나 수해, 토사재해 피해지에서도 마찬가지로 소방·경찰관이 도착하기 전까지 구조가 필요한 사람을 위한 구조나 확인에 도움이 되었다. 대규모 재해가 발생했을 때에는 소방·경찰관 등 방재기관의 대처능력에 한계가 있기 때문에 모든 구조요청에 대응하기는 불가능하다. 따라서 지역이 주체가 되는 공조가 필요하다.

사진 9.10 겐카이 섬에서 일어난 주택 붕괴 2005년 7월(高橋和雄 촬영)

(8) 대비보다 중요한 대책은 없다

지진대책은 발생 직후 재해응급대책(피해상황 파악, 정보전달, 인명구조, 초기진화 등)뿐만 아니라 건물의 내진화와 기타 가구고정, 콘크리트 담장 보강 등 지진에 대비하는 재해예방대책이 중요하다. 재해가 일어났을 당시에 행동을 적절하게 하기 위해서는 지식습득과 함께 피난훈련이 필요하다. 우리 모두 우리의 집과, 지역의 지진대책을 생각해 볼 필요가 있다.

(9) 젊은 세대에게 기대한다

지진대책의 진보에 따라 방재지도 작성, 재해용 전화번호 '171', 긴급 지진속보 등 정보 전달방법은 꽤 정비되어 왔다. 또한 우리가 준비해야 할 대처법도 명확해졌지만 고령화, 인구과소화가 진행되는 지역사회의 대처방법은 아직 활발하다고 할 수 없다. 안전·안심에 대한 가치를 발견하고 행동하여 감재사회 실현을 목표로 하는 활발한 활동이 필요하다. 재해지식을 매력적이고 알기 쉬운 형태로 제공하는 것과 광범위한 단체·조직 간의 협력 촉진에 있어서 대학이 연결고리와 같은 역할을 하는 것이 기대된다. 연구실에서의 연구활동과 더불어 동아리활동, 봉사활동이 재해를 방지하는 중요한 역할을 한다. 25년에 걸쳐 활약한 방재담당자가 세대교체 시기를 맞이하고 있다. 방재에 관련된 인재들의 새로운 참가를 원하고 있다.

9.6 태풍 · 해일

중심부근의 최대풍속이 약 17m/s 이상인 것을 태풍이라고 부른다. 여름부터 가을에 걸쳐 태평양 고기압 주변을 순환하며 일본을 향해 북상하는 태풍이 많아진다. 태풍은 연평균 약 27개가 발생하고 있지만 그 중 약 3개가 규슈 북부에 접근하여 폭우, 강풍, 해일, 높은 파도를 초래한다. 최근에는 2006년 9월 미야자키(宮崎) 현 노베오카(延岡) 시와 2008년 3월 가고시마 현 다루미(垂水) 시 등에서 회오리바람이 빈번하게 발생하고 있다. 여기서는 태풍, 해일과 회오리바람에 관한 특징과 방재대책을 소개한다.

(1) 태풍피해 격감이 낳은 새로운 과제

태풍피해를 조사해 보면 1900~1920년에 걸쳐 단죠(男女) 군도 부근에서 산호채취선이나 어선이 좌초, 침몰하여 많은 사망자·행방불명자가 발생하였다. 1945년 전쟁이 끝난 후부터 1959년 이세 만 태풍까지 대형 태풍전쟁으로 인해 황폐해진 일본 열도를 빈번하게 덮쳤다. 昭和(쇼와:1926년 12월 25일~1989년 1월 7일)와 平成(헤이세이:1989년 1월 8일~현재)기간 동안 동급 규모의 태풍피해를 비교하면 사망자·행방불명자 또는 주택의 침수피해는 급감하고 있다(표 9.5). 이것은 태풍예보기술의 진보와 정보전달 시스템의 정비, 방파제 등 기반정비대책의 효과라고 말할 수 있다.

그러나 피해가 줄어들면 재해를 겪는 일이 적어져 기초지식이 결여되고 재해전승이 단절되어 태풍이 와도 자신은 괜찮을 것이라는 편견이 생겨났다. 1991년 9월 27일 태풍 제19호가 상륙했을 당시에도 태풍의 눈이 통과하는 한가운데에서 지붕을 수리하거나 시내버스를 운행하는 등 위험한 대처가 관찰되었다. 또한, 정전으로 인한 단수나 첨단기술 공장 피해 등 새로운 과제도 발생하고 있다.

표 9.5 1926년 이후의 주요 태풍으로 인한 피해자 비교

상륙·접근 연월일	태풍이름	상륙시의 기압 (hpa)	사망자·행방불명자 (명)	건물침수(동)
1934년 9월 21일	무로토 태풍	912	3,036	401,157
1945년 9월 17일	마쿠라자키 태풍	916	3,756	273,888
1959년 9월 26일	이세완 태풍	930	5,098	363,611
1991년 9월 27일	제19호	940	62	22,965
1993년 9월 3일	제13호	930	48	10,447
2004년 9월 7일	제18호	945	45	8,196

(2) 나가사키 현과 태풍

나가사키 현에 큰 피해를 초래한 최근의 주요 태풍과 그 피해개요를 아래에 정리하였다.

(a) 1987년 8월 태풍 제12호

1987년 8월 30일 밤부터 31일 새벽에 걸쳐 나가사키 현 서해상을 통과한 태풍은 현 내 각지의 항만설비와 선박을 비롯하여 산림, 주택, 농작물, 양식 물고기 등에 엄청난 피해를 주었다. 최대순간풍속 55.6m/s(후쿠에 측후소), 53.2m/s(히라토 측후소), 52.1m/s(이츠하라 측후소)로 과거의 최고치를 모두 갱신하였다. 이 태풍으로 나가사키 시 미에(三重) 지역에 건설 중이던 신 나가사키 어항시설의 제방이 크게 파손되었다. 그 외에 서쪽 해안선을 따라 위치한 나가사키 현 내 각지의 항구, 항만, 도로 등의 피해가 뚜렷하였다. 해안선이 긴 나가사키 현은 태풍의 영향을 받은 높은 파도로 인한 방파제 피해가 많이 발생하고 있다.(사진 9.11)

사진 9.11 2005년 9월 6일 태풍 제14호로 인한 방파제 피해
(나가사키 현 토목부 항만과 제공)

(b) 1991년 9월 태풍 제19호

1991년 9월 27일 고토 해역을 북상한 대형의 매우 강력한 태풍(중심기압 940hpa, 중심부근 최대풍속 50m/s)은 위력을 유지한 채 오후 4시가 조금 넘어 사세보 시의 남쪽에 상륙하여 현 내에서 사망자 5명, 전신주·송전탑의 파괴나 절단(사진 9.12), 주택, 농작물 등에 큰 피해를 주었다. 최대순간풍속은 54.3m/s(나가사키 해안기상대), 42.1m/s(사세보 측후소)를 기록하여 통계 개시 이후 1위 태풍이 되었다.

(3) 태풍정보의 충실과 새로운 표시

기상청은 최근 몇 년 간 알기 쉬운 재해정보 전달방법에 힘을 기울이면서 어려운 전문용어 사용을 줄이거나 관측 데이터 전달방법을 고민해왔다.

태풍정보도 2007년 4월부터 보다 정확하고 새로운 방식으로 표시되고 있다.

(a) 태풍이 일본에 가까워지면 24시간 이후까지의 태풍의 위치와 강도(풍속 25m/s 이상의 폭풍지역과 15m/s 이상의 강풍지역)는 지금까지 12, 24시간단위로 이루어지던 예보가 세분화되어 3시간 단위로 발표된다. 이로써 각 지역에서 경계가 필요한 시간대를 보다 자세하게 알 수 있게 되었다.

(b) 태풍의 진행방향을 보다 쉽게 알기 위해서 예보 동심원(70% 확률로 태풍중심이 위치할 것으로 예상되는 범위)뿐만 아니라 예보 동심원의 중심점이나 그 점을 이은 선을 표시하고 있다. 폭풍지역에 들어갈 우려가 있는 범위를 폭풍경계지역이라고 말하며 예보시각마다 동심원으로 표시되고 있다. 그러나 폭풍경계지역 동심원의 중복을 방지하기 위하여 예보기간 중에 폭풍경계지역 전체를 포함하는 하나의 선으로 표시하고 있다. 또한 태풍에 의한 최대풍속과 최대순간풍속도

발표하고 있다.

(c) 일본 전역을 약 374개로 나눈 구역마다 72시간 이후까지 폭풍 지역에 들어갈 확률분포도도 발표하고 있다.

사진 9.12 1991년 9월 27일 태풍 제19호로 인한 송전탑 피해
(나가사키 해양기상대 제공)

(4) 알아두어야 할 태풍 기초지식

태풍의 성질을 알아두면 대비할 수 있기 때문에 몇 가지 소개하고자 한다.

① 태풍의 바람은 시계 반대방향으로 돌기 때문에 진로의 우측에서는 태풍으로 인한 바람과 진행속도에 의한 바람이 같은 방향으로 불어 바람이 강해진다. 반대로 진행방향의 좌측에서는 바람이 약해진다. 따라서 태풍이 나가사키 현 서측을 통과할 때에는 나가사키 현 내의 풍속이 강해진다.

② 태풍의 풍속은 10분간 평균풍속으로 발표되지만 풍속은 변화하기 때문에 최대순간풍속은 1.5~2배가 될 수 있다. 풍속이 2배, 3배가 되면 풍압은 4배, 9배가 된다.

③ 태풍의 풍속은 지형이나 지면으로부터의 높이에 따라 크게 변한다. 바람이 통과하는 장소나 빌딩 주변에 부는 바람도 일부 강해질 수도 있다.

(5) 많이 발생하는 해일로 인한 침수

해일이란 태풍이나 저기압의 접근으로 해면이 높아지는 현상으로, 저기압에 의한 해면 상승효과와 강풍으로 해수가 모이는 효과가 있다. 기압저하 1hpa에 대해 해수면은 약 1㎝가 상승한다. 이러한 해면상승과 폭풍으로 인한 해일이 해면을 높이는 원인이 된다. 최근에는 1999년 9월 야츠시로(八代) 해 해일은 기억이 생생하고 이와 같은 해일은 1990년대부터 발생횟수가 증가하고 있다. 시마바라 시 아리마후나츠마치(有馬船津町) 주변에서는 마을 안으로 바닷물이 들어오는 해일이 빈번하게 발생하고 있다.(사진 9.13)

사진 9.13 해일로 고생하고 있는 시마바라 시 침수상황(시마바라 시 제공)

(6) 방재대책이 시작된 회오리바람

회오리바람은 계절에 관계없이 일본 어디에서나 태풍, 저기압 및 전선, 한기의 유입으로 인한 적란운이나 적운의 발달에 수반하여 발생한다. 과거의 통계에 의하면 연평균 약 19개의 회오리바람이 발생하고 있지만, 특히 태풍 시즌인 9월에 제일 많이 발생하고 있다. 발생원리는 아직 충분히 해명되지 못했지만 관측기술이나 예측기술의 고도화에 따라 적란운의 움직임을 예측할 수 있게 되었고 2008년 3월부터 회오리바람 주의보가 발표되었다.

향후 자연재해에 의한 피해를 줄이기 위해서는 회오리바람과 같이 예측하기 어렵고 자주 발생하지 않는 재해에 어떻게 대비할 것인지가 중요하다. '하늘이 갑자기 어두워진다', '크기가 큰 우박이 내린다', '구름의 끝부분이 지상까지 내려와 깔대기 모양의 구름이 발생한다', '떠다니는 물건들이 원통 모양으로 날아 올라간다', '기압변화로 귀에 이상을 느낀다' 등 회오리바람이 접근할 때 나타나는 특징, 회오리바람으로부터 몸을 보호하는 방법을 알아두자. 자세한 내용은 일본 기상청 홈페이지 http://www.jma.go.jp/를 참조하길 바란다.

주

주1. (재)운젠다케 재해대책기금 : 재해대책기금(나가사키 현으로부터의 대출금) 등으로부터 발생하는 이자를 사용해 기존의 제도에서는 지원할 수 없는 부분을 보완하고, 이재민의 구제를 도모하여 지역 주민의 자립 복구를 지원하는 사업.
주2. 액상화 : 물을 많이 포함한 느슨한 모래지반이 지진의 흔들림에 의해서 지반으로부터 물이나 모래를 분출하거나 지반이 액체와 같이 되어 지지력을 잃는 현상.

참고문헌

(1) 長崎県防災会議 : 長崎県地域防災計画(平成7年5月修正), 1995.5
(2) 内閣府中央防災会議災害教訓の継承に関する専門調査会 : 1990-1995 雲仙普賢岳噴火 報告書, 全214頁, 2007.3
(3) 内閣府中央防災会議災害教訓の継承に関する専門調査会 : 1982 長崎豪雨災害報告書, 全286頁, 2005.3

후기

　안전·안심은 제3기 과학기술기본계획의 전략 중점 과학기술로서 '최근에 사회·국민의 요구(안전·안심 면의 불안 등)가 급속히 커지고 있는데 대해, 기본계획 기간 중에 집중 투자하여 과학기술로 해결책을 명확하게 내놓을 필요가 있는 것'으로 자리 매김되고 있다. 또한 일본학술회의 2005년도의 보고서에도 '대학 등에서 안전에 대한 전문적, 체계적인 교육은 거의 행해지지 않았다. … 정리하여 구조화함으로써 안전지식의 구조화를 가일층 명확히 할 필요가 있다'고 하여 안전지식을 체계화할 필요성을 강력히 요구하고 있다.

　최근, 일본에서 많이 발생하는 사건·사고, 건축물의 구조 계산서 위조 문제, 게릴라성 호우·지진 등 자연재해의 다발화·거대화, 석면(asbestos) 문제 등 안전·안심을 위협하는 요인이 유례없이 증가하고 있다 나가사키 현에 있어서도 다음과 같은 안전·안심에 관한 과제가 있다.

- 나가사키 현에는 중공업이 집적되어 있어, 물품제조에 있어서의 사고·사건에 대한 안전·안심 요구가 높다.
- 나가사키 현에는 낙도·반도 지역이나 사면지가 많아 일상생활 및 재해시 피난에 있어서의 안전·안심 확보는 건전한 사회 구축을 위한 중요한 과제이다.
- 나가사키 현을 비롯하여 규슈에서는 호우재해 등의 풍수해가 빈발하고 있어 실효성이 있는 방재·감재대책이 요구되고 있다.

이러한 안전·안심의 과제를 해결하기 위해서는, 안전공학이나 방재·감재대책에 정통한 기술자를 양성하는 것이 필요하다. 그러나, 지금까지 안전·안심에 관한 커리큘럼 레벨의 체계적인 대처 실적은 거의 없고, 안전·안심에 관한 교재나 교육 담당교수도 극히 적다. 따라서 지금까지 개별적으로 시행되어 온 안전공학의 교육을 체계화한 안전지식 시스템을 구축하고, 안전공학 관련 교재를 개발하여 이용하고 안전공학에 정통한 기술자를 양성해 사회의 요구에 대응하는 것이 요구되고 있다.

이상의 배경을 기초로 공학부에서는, 제1장에 서술한 대책을 실시함과 동시에 한층 더 계속적 발전을 도모하고자 한다. 구체적인 내용과 목표는 다음과 같다.

(1) 안전공학을 체계화한 안전지식 구축

현재의 안전·안심 관련 교육은 물품제조교육 관련 전공과목의 대상이 되는 제품이나 구조물의 기획·설계·제작 과정에 관한 강의에 포함시키는 정도이며, 기초교육이나 전 학년 교육에서 체계적인 안전공학 교과는 정비되어 있지 않다. 전국적으로 보더라도 안전공학에 정통한 교수 그룹이 배치된 조직은 요코하마 국립대학 안전·안심 과학연구교육센터뿐이며, 규슈에서는 나가사키 대학 공학부 안전공학교육센터가 2007년에 이제 막 설치되었다. 물품제조와 방재 모두 복잡한 시스템화가 진행되고 있는 상황에서는 과거와 같이 개별적으로 안전을 취급하는 것만으로는 시스템으로서의 안전을 확보하는 데에는 한계가 있다. 따라서 요코하마 국립대학과 나가사키 대학이 협력하여 안전공학을 구조화하여 안전지식 시스템의 체계화를 도모하고 안전공학 세미나 등의 교재를 공동으로 개발하고 있다. 이번 안전지식의 구축은 안전공학을 체계적으로 학습하고 물품제조·방재를 파악하는 넓은 안목을 가진 인재육성의 기반이 될 것이다.

(2) 안전공학에 정통한 기술자 육성

안전공학 관련 교과목 이수에 의해서 안전공학에 정통한 기술자를 양성할 수 있다.

나가사키 현에는 자연재해가 많이 발생하고, 재해의 위기관리 사례가 많이 축적되어 있어 안전공학 교재의 개발에 활용할 수 있는 지리적 이점을 가지고 있다. 기술자의 사명은 안전한 제품을 제작하여 사용자가 안심하고 사용할 수 있도록 하는 것이다. 이러한 임무에 대해서 안전공학에 관한 교육의 체계화를 도모함과 동시에, 강의를 이수하거나 산·학·관이 협력하여 실습하는 등 안전·안심을 뚜렷하게 의식하는 인재를 육성하여야 한다. 육성한 인재는 직장의 안전관리, 사건·사고가 발생했을 때의 위기관리나 업무계속계획(BCP) 작성에 공헌할 수 있다.

이상과 같은 목표를 내걸고 나가사키 대학 공학부는 안전·안심의 교육에 의욕적으로 임하고 있다. 가까운 장래에 대학원 수준의 교육이나 대학 전체적인 사업에도 참가하여 연구에도 임할 수 있기를 기대한다.

집필자 소개

吉武 裕 요시타케 유타카(나가사키 대학 대학원 생산 과학 연구과 · 교수)
　　1956년생 후쿠오카 현 출신, 1979년 규슈 대학 공학부 기계공학과 졸업, 공학박사, 규슈 대학 공학부 조수, 나가사키 대학 공학부 강사, 조교수, 교수를 거쳐 현직. 전공은 기계역학, 특히 비선형 진동과 기계 · 구조물의 제진, 현대GP사업 담당 교수의 한 명으로 시작기부터 깊이 관여하였다. 제1장 1-5절 집필.

香川明男 가가와 아키오(나가사키 대학 대학원 생산 과학 연구과 · 교수)
　　1950년생 효고 현 출신, 1974년 오사카 대학 대학원 공학 연구과 석사과정 야금학 전공 수료, 공학박사, 오사카 대학 산업과학연구소 조수, 나가사키 대학 공학부 조교수, 교수를 거쳐 현직. 전공은 재료공학, 금속응고학, 현대GP사업 담당 교수의 한 명으로 신청시부터 깊이 관여하였다. 제장 6절 집필.

関根和喜 세키네 가즈요시(요코하마 국립대학 안전 · 안심 과학연구교육센터 특임교수(연구담당))
　　1942년생 도쿄 도 출신, 1968년 요코하마 국립대학 대학원 공학 연구과 석사과정 금속공학 전공 수료. 공학박사(도쿄 대학), 요코하마 국립대학 공학부 안전공학과 조수, 강사, 조교수, 교수를 거쳐 현직. 요코하마 국립대학 안전 · 안심 과학연구교육센터의 초대 센터장 역임. 전공은 안전공학, 재해위기관리, 비파괴 검사, 오일탱크의 안전성 평가. 제2장 집필.

林 秀千人 하야시 히데치토(나가사키 대학 공학부 기계시스템공학 강좌 · 교수)
　　1956년생 후쿠오카 현 출신, 1979년 규슈 대학 공학부 기계공학과 졸업, 공학박사, 규슈 대학 공학부 조수, 나가사키 대학 공학부 강사, 조교수를 거쳐 현직. 전공은 유체역학, 특히 공력 소음과 유체 기계의 성능 평가. 안전공학교육센터 부센터장, 안전공학회 회원. 제3장 집필.

河合正晃 가와이 마사아키(주식회사 가와이 시스템 연구소 · 대표이사, 나가사키 대학 공학부 비상근 강사)
　　1946년생 시즈오카 현 출신, 1971년 나고야 대학 대학원 석사과정(전기전자 전공) 수료, 같은 해 일본 전신전화공사 입사 후 NTT 간사이전력통신학원장, NTT 소프트웨어 ISMS 심사원 연수주임 강사를 거쳐 현직. 전언다이얼, 다이얼 Q2(기술적 방식의 발안자) 등, 전화의 신 서비스의 개발을 추진. 제4장 집필.

久保 隆 구보 다카시(나가사키 대학 공동연구교류센터 · 조교)
　　1974년생 가나가와 현 출신, 2002년 요코하마 국립대학 대학원 공학연구과 박사 과정 후기 수료, 공학박사, 가와사키 위생연구소, 요코하마 국립대학 대학원 환경정보연구원 COE 팔로우, 나가사키 대학 공동연구교류센터 조수를 거쳐 현직. 전공은 환경안전공학. 대기 및 배기가스, 하천수 및 배수 등에 포함되는 유해 화학물질의 안전성 평가 등에 관한 교육연구에 종사. 제5장 2절 집필.

小雄尾 謙 고지오 켄(나가사키 대학 공학부 물질공학 강좌 · 준교수)

1972년생 후쿠오카 현 출신, 1999년 규슈 대학 대학원 공학연구과 재료물성공학 전공 박사 과정 수료, 공학박사, 미국 일리노이 대학 재료공학과 박사 연구원, 미국 매사추세츠 대학 고분자공학과 박사 연구원, 나가사키 대학 공학부 재료공학과 조수, 조교수를 거쳐 2007년부터 현직. 전공은 고분자과학. 제5장 1, 3절 집필.

石松隆和 이시마츠 다카카즈(나가사키 대학 공학부 기계시스템공학 강좌 · 교수)

1950년생 후쿠오카 현 출신, 1977년 규슈 대학 대학원 박사 과정 단위 취득 퇴학, 공학박사, 규슈 대학 공학부 조수 · 강사, 나가사키 대학 공학부 조교수를 거쳐 1990년부터 현직. 전공은 로봇공학, 복지공학. 창조공학센터장, 테크노 에이드 교육연구센터장. 고령자나 장애인을 위해서 적극적으로 공학기술을 활용하는 것과 시민참가형 네트워크와 협력하여 노력해 난치병 환자나 중증 장애인을 위한 복지용구 지원을 실시. 제6장(4절은 제외) 집필.

諸麦俊司 모로무키 슌이치(나가사키 대학 공학부 기계시스템공학 강좌 · 조교)

1973년생 가고시마 현 출신, 1997년 나가사키 대학 공학부 기계 시스템공학과 졸업, 1999년 전기통신대학 대학원 정보시스템학 연구과 박사 전기 과정 수료, 2003년 캘리포니아 대학 어바인 Ph.D 과정 수료, 박사(Ph.D.), 나가사키 대학 공학부 조수, 중국 칭화 대학 객원연구원, 상하이 교통대학 객원연구원, 한국과학기술원(KAIST) 객원 연구원을 거쳐 2007년부터 현직. 전공은 생체정보계측공학, 의료복지공학. 제6장 4절 집필.

蔣 宇静 지양 유징(나가사키 대학 공학부 환경시스템과학공학 강좌 · 교수)

1962년생 중국 장쑤 성 출신, 1982년 산도 과학기술대학 졸업, 1993년 규슈 대학 대학원 공학연구과 토목공학 전공 박사 후기 과정 수료, 공학박사, 규슈 대학 환경시스템공학연구센터 강사, 조교수, 나가사키 대학 준교수를 거쳐 현직. 전공은 암반공학, 지반환경공학, 방재공학. 아시아 순환형 사회공학연구교육센터 부센터장, 안전공학교육센터 리스크 관리기술부문장. 제7장 집필.

高橋和雄 다카하시 카츠오(나가사키 대학 공학부 환경시스템과학공학 강좌 · 교수)

1945년생 오이타 현 출신, 1970년 규슈 대학 대학원 공학연구 토목공학 전공 석사과정 수료 공학박사 나가사키 대학 공학부 조수, 강사, 조교수를 거쳐 현직. 전공은 토목구조학, 방재과학. 안전공학교육센터장. 제8장, 제9장, 후기 집필.

지은이 :
나가사키대학공학부 안전안심공학입문편집위원회

옮긴이 :
대전발전연구원
대전발전연구원은 대전광역시의 중장기 개발전략 및 지역경제 발전 등 시정 전반에
관한 과제에 대하여 체계적으로 조사·분석, 구체적인 정책대안을 제시함으로써 지역
발전에 기여하는 대전광역시의 산하연구기관이다. 대전의 행복한 미래를 설계하는 창
의적인 연구원이라는 비전 아래 대전시의 발전을 선도하는 싱크탱크의 역할을 하고
있다.(http://www.djdi.re.kr/)

도시안전디자인포럼
도시안전디자인포럼은 도시안전디자인을 통한 삶의 질 향상과 산업기반 구축이라는
비전을 목표로 방재·방범·유니버설디자인의 지식융합을 통한 도시안전디자인 관련
정책을 개발·지원하고자 학계, 산업계, 시민단체, 공무원 등이 모여 2011년에 결성된
민간조직이다.
http://cafe.naver.com/safetydesignforum

〈번역책임자 약력〉
이형복   일본 국립 오이타(大分) 대학 환경공학연구과, 공학박사
          대전발전연구원 도시기반연구실 연구위원
          대전발전연구원 도시안전디자인센터장
          도시안전디자인포럼 사무국장

임윤택   연세대학교 건축공학과, 도시공학박사
          국립한밭대학교 도시공학과 부교수
          한밭대학교 UCRC 연구소장
          도시안전디자인포럼 방범분과위원장

안전안심공학입문

2013년 1월 25일 1판 1쇄 인쇄
2013년 1월 30일 1판 1쇄 발행

지은이 나가사키대학공학부
        안전안심공학입문편집위원회
옮긴이 대전발전연구원 · 도시안전디자인포럼
펴낸이 강 찬 석
펴낸곳 도서출판 **미세움**
주 소 150-838 서울시 영등포구 신길동 194-70
전 화 02-844-0855   팩스 02-703-7508
등 록 제313-2007-000133호

ISBN 978-89-85493-65-9   93540

정가 15,000원